Experimentação com Herbicidas

Sociedade Brasileira da Ciência das Plantas Daninhas

Patricia Andrea Monquero

Organização e edição técnica

Experimentação com Herbicidas

RiMa

São Carlos
2016

Direitos reservados desta edição
RiMa Editora

E96e   Experimentação com herbicidas / organizado por Patricia Andrea Monquero – São Carlos: RiMa Editora, 2016.

192 p. il.

ISBN – 978-85-7656-333-4

1. produto fitossanitário. 2. plantas daninhas. 3. ambiente. 4. bos prátricas agrícolas. 5. experimentos. I. Autor. II. Título.

CDD 581

RiMa

Rua Virgílio Pozzi, 213 – Santa Paula
13564-040 – São Carlos, SP
Fone/Fax: (16) 3201-9169

Sobre os Autores

Alexandre Marques Ribeiro – Engenheiro Agrônomo. MSc Genética e Melhoramento de Plantas. Gerente de Desenvolvimento de Ensaios de Resíduos – BASF S.A. alexandre.marques@basf.com

Guilherme Luiz Guimarães – Engenheiro Agrônomo, M.Sc., Ph.D. Gerente Técnico e de Regulamentação Federal da ANDEF. guilherme@andef.com.br

Joaquim Gonçalves Machado Neto – Engenheiro Agrônomo e de Segurança do Trabalho. Professor Titular do Departamento de Fitossanidade. FCAV – UNESP (Campus de Jaboticabal).

Jussara B. Regitano – Professora Doutora do Departamento de Ciência do Solo – Escola Superior de Agricultura "Luiz de Queiroz" (USP). jregitano@usp.br

Marcelo Hirata Campacci – Engenheiro Agrônomo. Coordenador de Regulamentação Federal da ANDEF.

Marcelo Nicolai – Agrocon Assessoria Agronômica. mnicolai2009@gmail.com

Marcos Antonio Kuva – Engenheiro Agrônomo. Doutor em Produção Vegetal. Pesquisador da Herbae Consultoria e Projetos Agrícolas Ltda. (Jaboticabal, SP). mkuva@herbae.com.br

Pedro Jacob Christoffoleti – Professor Associado – Escola Superior de Agricultura "Luiz de Queiroz" (USP). pjchrist@usp.br

Rafael M. P. Leal – Doutor em Química na Agricultura e no Ambiente pelo Centro de Energia Nuclear na Agricultura. Professor no Instituto Federal Goiano (IF Goiano – Campus Rio Verde). rafael.leal@ifgoiano.edu.br

Ramiro Fernando López-Ovejero – Monsanto do Brasil. ramiro.f.ovejero@monsanto.com

Renata Alcarde Sermarini – Licenciada em Matemática – UNESP (Campus de Rio Claro). Professora Doutora do Departamento de Ciências Exatas – Escola Superior de Agricultura "Luiz de Queiroz" (USP). ralcarde@usp.br

Renata Magale Carneiro dos Santos de Oliveira – Farmacêutica, Habilitação em Indústria. Gerente do Departamento Laboratório Global de Estudos Ambientais e Segurança Alimentar – BASF S.A. renata.magale@basf.com

Roberta Lopes de Souza Leite da Fonseca – Bacharelado e Licenciatura em Química. Gerente do Laboratório de Análise de Resíduo – BASF S.A. roberta.leite@basf.com

Robson Barizon – Doutor em Solos e Nutrição de Plantas pela Universidade de São Paulo (USP). Pesquisador da Embrapa Meio Ambiente de São Paulo.

Saul Jorge Pinto de Carvalho – Professor de Ensino Básico, Técnico e Tecnológico – Instituto Federal do Sul de Minas (IFSULDEMINAS – Campus Machado). sjpcarvalho@yahoo.com.br

Sônia Maria De Stefano Piedade – Engenheira Agrônoma. Doutora em Estatística e Experimentação Agronômica. Professora Doutora do Departamento de Ciências Exatas – Escola Superior de Agricultura "Luiz de Queiroz" (USP). soniamsp@usp.br

Thais Tanan de Oliveira Revoredo – Bióloga. Mestranda em Entomologia Agrícola pelo Programa de Pós-Graduação da Unesp (Campus de Jaboticabal). Auxiliar de pesquisa da Herbae Consultoria e Projetos Agrícolas Ltda. (Jaboticabal, SP). thais@herbae.com.br

Tiago Pereira Salgado – Engenheiro Agrônomo. Doutor em Produção Vegetal. Pesquisador da Herbae Consultoria e Projetos Agrícolas Ltda. (Jaboticabal, SP). tpsalgado@herbae.com.br

A SBCPD agradece a todos os sócios, pesquisadores e professores que fizeram sugestões e correções nos capítulos.

Prefácio

A Sociedade Brasileira da Ciência das Plantas Daninhas (SBCPD) é uma associação civil com fins técnicos, educacionais e sociais não lucrativos, e personalidade de direto privado, que visa promover estudos e pesquisas na área da Ciência das Plantas Daninhas e, assim, ajudar o avanço científico. Destaca-se, entre suas finalidades, o estímulo à melhoria do ensino e da pesquisa da Ciência das Plantas Daninhas. Para isso, participa na divulgação de conhecimentos da Ciência das Plantas Daninhas por meio de publicações de livros, monografias, boletins, mídia eletrônica, revistas científicas, dentre outras.

É esse o intuito ao publicar o livro **Experimentação com Herbicidas**, resultado do esforço de sua Diretoria, sob a coordenação da atual Segunda Vice-Presidente Prof. Dr. Patrícia Andrea Monquero, que presta, assim, inestimável serviço à SBCPD, juntamente com todos os autores que, de forma integralmente colaborativa, escreveram os capítulos e disponibilizaram todo o seu conhecimento e experiência aos leitores. A todos, a Diretoria da SBCPD expressa seu profundo agradecimento.

O princípio fundamental para o desenvolvimento de experimentação com herbicidas em um projeto é ser o mais simples possível, desde que satisfaça o nível exigido de solidez científica. Esta publicação tem por objetivo esse princípio, para que pesquisadores e alunos de graduação e pós-graduação e técnicos de empresas de agroquímicos possam desenvolver suas pesquisas de forma objetiva e científica.

A Ciência das Plantas Daninhas, por meio do segmento de manejo químico de plantas daninhas, é tratada de forma pragmática, ou seja, toda a experimentação é feita procurando obter respostas ou encontrar soluções a problemas aplicados. Ideias inovadoras na agricultura vêm de agricultores, pesquisadores e pessoas envolvidas no agronegócio. Experimentos de campo podem ser usados para testar e refinar essas ideias e para transferir os novos desenvolvimentos à agricultura. O escopo deste livro é, certamente, ajudar as pessoas envolvidas com experimentação com herbicidas a alcançar seus objetivos.

Boa leitura! Temos certeza de que esta publicação será um marco na experimentação com herbicidas no Brasil e servirá de manual de consulta sobre o assunto.

Diretoria da SBCPD

Sumário

**Capítulo 4 – Experimentos de Eficiência e Praticabilidade
Agronômica com Herbicidas** **75**
*Marcos Antonio Kuva, Tiago Pereira Salgado e
Thais Tanan de Oliveira Revoredo*

**Capítulo 5 – Métodos para a Comprovação da
Resistência de Plantas Daninhas a Herbicidas 99**
*Pedro Jacob Christoffoleti, Saul Jorge Pinto de Carvalho,
    Ramiro Fernando López-Ovejero e Marcelo Nicolai*

Capítulo 6 – Herbicidas: Dinâmica no Ambiente 119
Jussara B. Regitano, Robson R. M. Barizon e Rafael M. P. Leal

Capítulo 7 – Herbicidas: Estudos de Resíduo no Solo e na Planta 151

Renata Magale Carneiro dos Santos de Oliveira, Roberta Lopes de Souza Leite da Fonseca e Alexandre Marques Ribeiro

Princípios Gerais para o Planejamento Experimental

1

Sônia Maria De Stefano Piedade
Renata Alcarde Sermarini

Introdução

Muitos conceitos são importantes ao se fazer o planejamento de um experimento e a posterior análise dos dados experimentais. Este capítulo tem o objetivo de mostrar como o pesquisador deve proceder para fazer esse planejamento e essa análise, mas, não é e nem pode ser uma forma de fazer todas as análises de todas as situações. O pesquisador deve ter sempre em mente que ele pode se deparar com casos nos quais o melhor caminho é consultar um profissional que trabalha na área da estatística experimental, o qual irá ajudá-lo com o planejamento correto e também com a aplicação das técnicas estatísticas mais adequadas à análise de seus dados. Essa consulta evita que ele tome decisões erradas no planejamento do experimento e que use softwares estatísticos, seguindo simplesmente receitas que podem não ser indicadas para os dados do seu experimento. Muitas vezes as análises são simples, mas, em outros casos, não.

Na experimentação, unidade experimental ou parcela é a unidade que receberá determinado tratamento, um nível do fator em estudo ou uma combinação de níveis dos fatores envolvidos no estudo. Então, têm-se tantas unidades experimentais quantos forem os níveis do fator em estudo, ou as combinações dos níveis dos fatores de interesse para o estudo, ou seja, tratamentos e suas repetições.

A parcela pode ser composta por um ou mais indivíduos, que são as unidades de observação, e é frequente o pesquisador usar, para a análise dos dados, o valor médio ou o total da parcela, sendo que a amostragem deve ser aleatória e representativa da população, tomando um número de unidades de observação que represente bem a parcela. Em algumas situações se faz necessário o uso de bordaduras, que tem por objetivo evitar que o tratamento de uma parcela interfira no tratamento da parcela vizinha, como, por exemplo, na aplicação de herbicidas.

É importante lembrar que a forma e o tamanho das parcelas de um mesmo experimento devem ser sempre os mesmos, o que também se aplica ao tratamento controle para que ele possa ser incluído na análise dos dados.

Os princípios básicos da experimentação, que são repetição, casualização e controle local, devem ser considerados no planejamento do experimento, sendo que os dois primeiros sempre devem estar presentes, e o controle local quando houver heterogeneidade do ambiente experimental.

A análise estatística correta dos dados experimentais é muito importante em estudos que comparam os efeitos de diferentes formulações de um mesmo produto, ou os que comparam diferentes produtos, ou ainda um tratamento controle (não tratado) com um ou mais tratamentos que receberam produtos (tratados).

Delineamentos experimentais

Antes do planejamento de um experimento, os objetivos do mesmo devem ser definidos de forma clara para que o melhor delineamento experimental seja escolhido, usando os recursos disponíveis da melhor forma possível, e para que as tomadas de decisão sejam adequadas ao estudo. Uma conversa detalhada entre o pesquisador e um especialista em estatística experimental deve definir esses aspectos.

Os delineamentos experimentais mais usados nos ensaios com plantas daninhas são:

Delineamento inteiramente casualizado

Este delineamento, sem restrição na casualização, é o mais simples, entretanto, não é o mais usado em experimentos de campo, pois requer homogeneidade do ambiente experimental, o que nem sempre ocorre. Portanto, ele é recomendado para experimentos instalados em laboratórios, casas de vegetação, estufas, viveiros ou locais onde a homogeneidade é mais provável. Ele leva em conta apenas dois princípios básicos da experimentação: a repetição e a casualização. A instalação de um experimento com esse delineamento é mais difícil, pois deve ser feita de uma só vez e, se houver avaliação visual dos efeitos de tratamentos, ela é dificultada, pois as repetições de um dos tratamentos se perdem entre as dos demais. O experimento inteiramente casualizado mais simples tem I níveis de um fator, ou I tratamentos, e J repetições, totalizando IJ parcelas.

O modelo matemático para esse tipo de experimento é:

$$y_{ij} = \mu + t_i + e_{ij}$$

em que i = 1, 2,..., I , j = 1, 2, ..., J e,

y_{ij} é o valor observado na parcela que recebeu o tratamento i, na repetição j;

μ é uma constante inerente a todas as observações, geralmente, o efeito da média geral;

t_i é o efeito do tratamento i;

e_{ij} é o erro experimental.

O esquema da análise da variância, nos casos que atendem às pressuposições do modelo (comentadas no final do capítulo), para o delineamento inteiramente casualizado é o apresentado na Tabela 1.

Tabela 1 Quadro de análise da variância para o delineamento inteiramente casualizado.

Causa de variação	Graus de liberdade	Somas de quadrados	Quadrados médios	Teste F
Tratamentos	I – 1	S.Q. Tratamentos	Q.M. Tratamentos	Q.M. Trat./Q.M. Resíduo
Resíduo	I(J – 1)	S.Q. Resíduo	Q.M. Resíduo	–
Total	IJ – 1	S.Q. Total	–	–

Se o teste F da análise da variância, que compara todas as médias de tratamentos, apresentado na Tabela 1, for significativo, ou seja, se a hipótese da nulidade $H_0: \mu_1 = \mu_2 = ... = \mu_I$ for rejeitada em favor de H_a, pelo menos duas médias de tratamentos diferem entre si, e se tratamentos for um fator qualitativo, deve-se aplicar um teste de comparações de médias. O mais usado entre os pesquisadores tem sido o Teste de Tukey, cuja expressão é

$$\Delta = q\sqrt{\frac{Q.M.\text{Resíduo}}{J}}$$

em que Δ é a diferença mínima significativa (dms);

q é a amplitude total estudentizada e obtida em tabelas com n = n° de tratamentos e n_1 = n° de Graus de Liberdade do Resíduo, que para este caso é I(J – 1). Geralmente se escolhe um nível de 5% de significância. É lógico que nos pacotes estatísticos já vem embutido esse valor;

J é o número de repetições.

Tomando como exemplo um experimento com I = 5 herbicidas, ou seja, 5 níveis do fator herbicida ou ainda 5 tratamentos (H_1, H_2, H_3, H_4 e H_5) e J = 6 repetições, um possível croqui é apresentado na Figura 1.

H_2	H_4	H_3	H_3	H_4	H_1
H_1	H_2	H_5	H_4	H_2	H_3
H_5	H_5	H_3	H_1	H_5	H_2
H_3	H_1	H_4	H_5	H_3	H_5
H_1	H_4	H_2	H_4	H_2	H_1

Figura 1 Croqui de um experimento no delineamento inteiramente casualizado com 5 herbicidas e 6 repetições.

Destacando uma parcela qualquer, esquematicamente, pode-se ver a área útil e a bordadura que deve estar presente quando houver necessidade. A área total da parcela, neste caso, é composta pela área útil e pela bordadura juntas, ou seja:

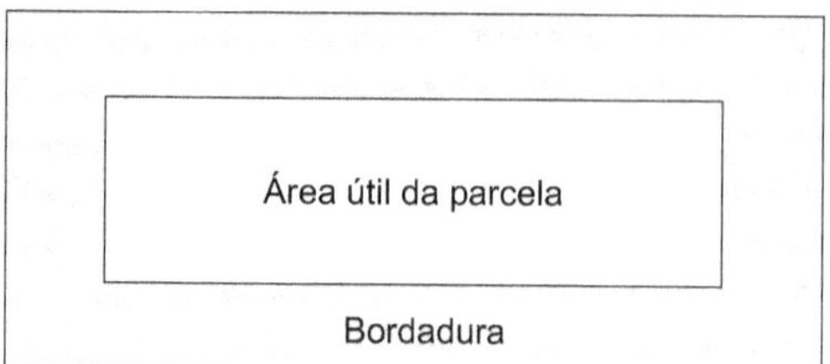

Figura 2 Esquema de uma unidade experimental ou parcela.

A área útil da parcela é a área que fornece os dados para a análise. Se não houver necessidade de bordadura, as áreas útil e total coincidirão.

Delineamento casualizado em blocos

O delineamento casualizado em blocos ou blocos completos ao acaso é o delineamento estatístico mais usado na experimentação agronômica, pois, conforme comentário anterior, as áreas experimentais dificilmente são homogêneas, e esse tipo de delineamento leva em conta os três princípios básicos da experimentação, que são repetição, casualização e controle local, sendo este último o responsável pela subdivisão da área em subáreas homogêneas, o que representa a restrição na casualização. Cada uma dessas subáreas, por meio de sorteio, receberá todos os tratamentos em estudo, geralmente, uma só vez. Cada uma dessas subáreas será uma repetição também chamada de bloco, e o experimento terá I níveis do fator em estudo e J blocos, totalizando IJ parcelas.

O modelo matemático para esse delineamento é:

$$y_{ij} = \mu + r_j + t_i + e_{ij}$$

em que i = 1, 2,..., I , j = 1, 2, ... , J e

Y_{ij} é o valor observado na parcela que recebeu o tratamento i, no bloco j;

μ é uma constante inerente a todas as observações, geralmente, o efeito da média geral;

r_j é o efeito do bloco j;

t_i é o efeito do tratamento i no bloco j;

e_{ij} é o erro experimental.

O esquema da análise da variância para o delineamento casualizado em blocos é o apresentado na Tabela 2.

Tabela 2 Quadro de análise da variância para o delineamento casualizado em blocos.

Causa de variação	Graus de liberdade	Somas de quadrados	Quadrados médios	Teste F
Blocos	J – 1	S.Q. Blocos	–	–
Tratamentos	I – 1	S.Q. Tratamentos	Q.M. Tratamentos	Q.M. Trat./Q.M. Resíduo
Resíduo	(I – 1)(J – 1)	S.Q. Resíduo	Q.M. Resíduo	–
Total	IJ – 1	S.Q. Total	–	–

Sendo F significativo, como apresentado no item anterior, tem-se a mesma orientação exposta no delineamento inteiramente casualizado.

Tomando como exemplo um experimento com I = 4 formas de aplicação de um herbicida ou 4 tratamentos (F_1, F_2, F_3 e F_4) e J = 5 blocos, um possível croqui é apresentado na Figura 3, em que a seta indica o sentido da heterogeneidade do ambiente.

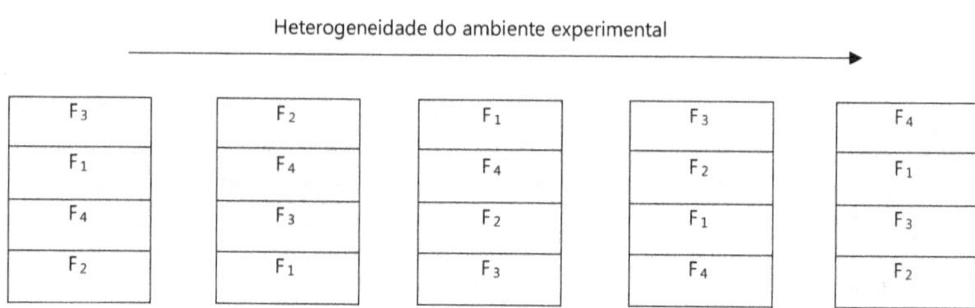

Figura 3 Croqui de um experimento no delineamento casualizado em blocos com 4 formas de aplicação de um herbicida e 5 blocos.

Salienta-se que as considerações feitas para as parcelas do delineamento inteiramente casualizado também são importantes aqui e que o sorteio dos tratamentos dentro de cada bloco é feito separadamente.

Delineamento quadrado latino

Este delineamento estatístico é o menos usado na experimentação com plantas daninhas, pois, na prática, é o mais difícil de ser visualizado e é aplicado em áreas experimentais em que há heterogeneidade local em dois sentidos, ou seja, linhas e colunas. Sendo assim, esse delineamento também leva em conta os três princípios básicos da experimentação – repetição, casualização e controle local –, sendo este último o responsável pela subdivisão da área em subáreas homogêneas, o que representa a restrição na casualização no sentido das linhas e das colunas que funcionam como blocos para os tratamentos. O número de linhas é igual ao número de colunas e igual também ao número de tratamentos. Cada uma das r linhas e cada uma das r colunas, por meio de sorteio, receberão todos os r tratamentos em estudo de uma só vez, e o experimento terá r^2 parcelas, conforme se pode ver na Figura 4.

O modelo matemático para esse delineamento é:

$$y_{ijk} = \mu + l_j + c_k + t_{i(j,k)} + e_{ijk}$$

em que i = 1, 2, ..., I , j = 1, 2, ... , J , k = 1, 2, ... , K , I = J = K = r e

y_{ijk} é o valor observado na parcela que recebeu o tratamento i, na linha j e na coluna k;

μ é uma constante inerente a todas as observações, geralmente, o efeito da média geral;

l_j é o efeito da linha j;

c_k é o efeito da coluna k;

$t_{i(j,\,k)}$ é o efeito do tratamento i, na linha j e na coluna k;

e_{ijk} é o erro experimental.

Uma desvantagem desse delineamento é o fato de que ele aumenta rapidamente de tamanho à medida que se aumenta o número de níveis do fator em estudo, ou seja, o número de tratamentos.

O esquema da análise da variância para o delineamento quadrado latino é o apresentado na Tabela 3.

Tabela 3 Quadro da análise da variância para o delineamento quadrado latino.

Causa de variação	Graus de liberdade	Somas de quadrados	Quadrados médios	Teste F
Linhas	$r - 1$	S.Q. Linhas	–	–
Colunas	$r - 1$	S.Q. Colunas	–	–
Tratamentos	$r - 1$	S.Q. Tratamentos	Q.M. Tratamentos	Q.M. Trat./Q.M. Resíduo
Resíduo	$(r - 1)(r - 2)$	S.Q. Resíduo	Q.M. Resíduo	–
Total	$r^2 - 1$	S.Q. Total	–	–

Sendo F significativo, tem-se a mesma orientação exposta no delineamento inteiramente casualizado.

Tomando como exemplo um experimento com $I = J = K = r = 5$ épocas de aplicação de um herbicida (E_1, E_2, E_3, E_4 e E_5), um possível croqui é apresentado na Figura 4.

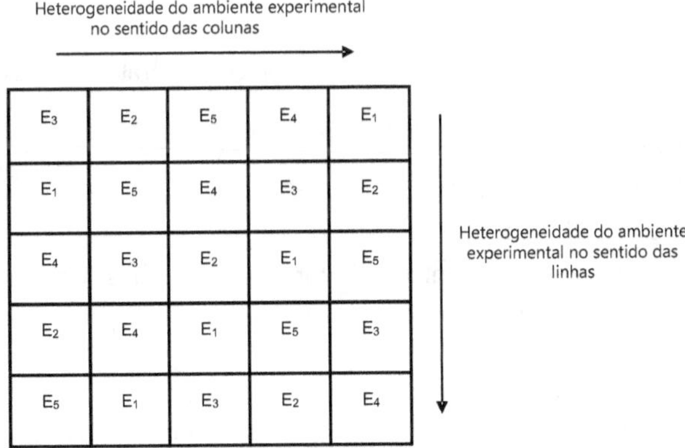

Figura 4 Croqui de um experimento no delineamento quadrado latino 5 x 5.

Delineamentos de tratamentos

Os tratamentos de um experimento podem ser os níveis de um fator, como os citados nos delineamentos experimentais vistos anteriormente, ou podem ser as combinações dos níveis de dois ou mais fatores.

Os delineamentos ou esquemas de tratamentos podem ser instalados em vários delineamentos experimentais, e os mais usados nos ensaios com plantas daninhas são:

Fatoriais

Os tratamentos de uma pesquisa podem se apresentar na forma de um esquema fatorial, ou seja, pela combinação dos níveis de dois ou mais fatores, como, por exemplo, o fator A com 4 níveis (A_1, A_2, A_3 e A_4) e o fator B com 3 níveis (F_1, F_2 e F_3), totalizando 12 tratamentos. Neste caso temos um experimento fatorial 4 x 3 que pode ser instalado em qualquer um dos três delineamentos experimentais, sendo mais frequente nos dois primeiros.

Desse modo, supondo o delineamento experimental em blocos ao acaso, em que o efeito de tratamentos é substituído pelos efeitos principais dos fatores e pelo efeito da interação entre esses fatores, o modelo matemático é dado por:

$$y_{ikj} = \mu + r_j + a_i + b_k + ab_{ik} + e_{ikj}$$

em que i = 1, 2, ..., I , j = 1, 2, ..., J , k = 1, 2, ..., K e

y_{ikj} é o valor observado na parcela que recebeu nível i do fator A, o nível k do fator B, no bloco j;

é uma constante inerente a todas as observações, geralmente, o efeito da média geral;

r_j é o efeito da repetição j;

a_i é o efeito do nível i do fator A;

b_k é o efeito do nível k do fator B;

ab_{ik} é o efeito da interação do nível i do fator A com o nível k do fator B;

e_{ikj} é o erro experimental.

Admitindo que as pressuposições foram atendidas, o esquema da análise da variância para o delineamento casualizado em blocos no esquema fatorial I x K é o apresentado na Tabela 4.

Tabela 4 Quadro de análise da variância para o delineamento casualizado
em blocos no esquema fatorial I x K.

Causa de variação	Graus de liberdade	Somas de quadrados	Quadrados médios	Teste F
Blocos	$J - 1$	S.Q. Blocos	-	-
Fator A	$I - 1$	S.Q. Fator A	Q.M. Fator A	Q.M. Fator A/Q.M .Resíduo
Fator B	$K - 1$	S.Q. Fator B	Q.M. Fator B	Q.M. Fator B/Q.M. Resíduo
Fator A x Fator B	$(I - 1)(K - 1)$	S.Q .Fator A x Fator B	Q.M. Fator A x Fator B	Q.M. Fator A x Fator B/Q.M. Resíduo
Resíduo	$(IK - 1)(J - 1)$	S.Q. Resíduo	Q.M. Resíduo	–
Total	$IKJ - 1$	S.Q. Total	–	–

Quanto mais fatores e quanto mais níveis dos fatores, maior será o experimento, dificultando sua execução, a análise dos dados e a interpretação dos resultados. Recomenda-se portanto, um número de fatores e de níveis dos fatores suficiente para o estudo, mas pequeno.

Se o teste F da interação for significativo, deve-se desdobrar os graus de liberdade, estudando o fator A dentro de cada nível do fator B e o fator B dentro de cada nível do fator A, pois o efeito dos fatores A e B não são independentes. Posteriormente, se os fatores forem qualitativos, conforme a significância do teste F, faz-se um teste de comparações múltiplas para estudar A dentro de cada nível de B e B dentro de cada nível de A, e ainda um teste de comparação de médias para o que for significativo nos desdobramentos. Se um dos fatores ou ambos forem quantitativos, faz-se, conforme a significância, um estudo de regressão.

Se o teste F da interação não for significativo, deve-se estudar os fatores A e B separadamente, pois os efeitos dos fatores A e B são independentes.

Tomando como exemplo um experimento com I = 4 herbicidas (H_1, H_2, H_3, e H_4) e K = 3 formas de aplicação dos mesmos (F_1, F_2 e F_3), totalizando 12 combinações dos níveis dos fatores envolvidos ou 12 tratamentos, instalado no delineamento experimental casualizado em blocos no esquema fatorial 4 x 3, com 5 blocos, um possível croqui é o apresentado na Figura 5, admitindo-se que cada bloco é uma subárea homogênea que foi incluída para controlar a heterogeneidade do ambiente experimental.

A Figura 5 é um esquema que pode ser alterado, contanto que se respeite o sentido da heterogeneidade, ou seja, os blocos devem ser distribuídos em subáreas homogêneas, mantendo-se sempre o mesmo tamanho e a mesma forma das parcelas.

Bloco 1

H_2F_1	H_3F_2	H_1F_2	H_4F_1	H_2F_2	H_3F_3	H_3F_1	H_4F_2	H_2F_3	H_1F_1	H_4F_3	H_1F_3

Bloco 2

H_4F_3	H_2F_3	H_3F_1	H_4F_2	H_2F_1	H_1F_3	H_4F_1	H_1F_1	H_3F_1	H_2F_2	H_3F_3	H_1F_2

Bloco 3

H_1F_2	H_3F_1	H_1F_3	H_2F_3	H_4F_1	H_2F_2	H_3F_3	H_3F_1	H_4F_3	H_1F_1	H_4F_2	H_2F_1

Bloco 4

H_4F_2	H_1F_1	H_3F_1	H_1F_3	H_2F_3	H_3F_1	H_2F_1	H_4F_1	H_1F_2	H_4F_3	H_2F_2	H_3F_3

Bloco 5

H_3F_1	H_4F_3	H_2F_1	H_4F_2	H_1F_2	H_1F_1	H_3F_3	H_2F_2	H_3F_1	H_1F_3	H_4F_1	H_2F_3

Figura 5   Croqui de um experimento no delineamento casualizado em blocos no esquema fatorial.

Parcelas subdivididas

Em muitos casos é inviável para o pesquisador instalar um experimento com as combinações dos níveis de dois fatores no esquema fatorial. Uma alternativa muito usada na experimentação agronômica, em especial com plantas infestantes, é o esquema de parcelas subdivididas. Nesse caso também são dois os fatores, e o interesse é estudar a interação entre eles. Os níveis de um dos fatores são aplicados às parcelas, e os níveis do outro são aplicados às subparcelas. São dispostos num delineamento experimental, geralmente blocos ao acaso. Inicialmente, sorteiam-se as parcelas (níveis do fator A) em cada bloco. Posteriormente, dentro de cada parcela, sorteiam-se as subparcelas (níveis do fator B). Assim, conforme será visto no esquema de análise da variância, são obtidos dois resíduos: um em nível de parcelas, denominado Resíduo(a), e outro em nível de subparcelas, denominado Resíduo(b).

O modelo matemático para esse tipo de experimento, supondo-se blocos ao acaso, é

$$y_{ikj} = \mu + r_j + a_i + ar_{ij} + b_k + ab_{ik} + e_{ikj}$$

em que: i = 1, 2, ... , I, k = 1, 2, ... , K, j = 1, 2,..., J e

y_{ikj} é o valor observado na parcela que recebeu o nível i do fator A, na subparcela que recebeu o nível k do fator B, no bloco j;

é uma constante inerente a todas as observações, geralmente, o efeito da média geral;

r_j é o efeito do bloco j;

a_i é o efeito do nível i do fator A;

ar_{ij} é o erro experimental em nível de parcelas, ou seja, o Resíduo(a);

b_k é o efeito do nível k do fator B;

ab_{ik} é o efeito da interação do nível i do fator A com o nível k do fator B;

e_{ikj} é o erro experimental em nível de subparcelas, ou seja, o Resíduo(b).

O esquema de análise da variância para o delineamento casualizado em blocos com parcelas subdivididas é o apresentado na Tabela 5.

Tabela 5 Quadro de análise da variância para o delineamento casualizado em blocos com parcelas subdivididas.

Causa de variação	Graus de liberdade	Somas de quadrados	Quadrados médios	Teste F
Blocos	$J-1$	S.Q. Blocos	–	–
Fator A	$I-1$	S.Q. Fator A	Q.M. Fator A	Q.M. Fator A/Q.M. Resíduo (a)
Resíduo (a)	$(I-1)(J-1)$	S.Q .Resíduo (a)	Q.M. Resíduo (a)	–
(Parcelas)	$(IJ-1)$	(S.Q. Parcelas)	–	–
Fator B	$K-1$	S.Q. Fator B	Q.M. Fator B	Q.M. Fator B/Q.M. Resíduo (b)
Fator A x Fator B	$(I-1)(K-1)$	S.Q.Fator A x Fator B	Q.M. Fator A x Fator B	Q.M. Fator A x Fator B/Q.M. Resíduo (b)
Resíduo (b)	$I(K-1)(J-1)$	S.Q. Resíduo (b)	Q.M. Resíduo (b)	–
Total	$IKJ-1$	S.Q. Total	–	–

Salienta-se que se a interação fator A x fator B for significativa, os efeitos dos fatores não são independentes e deve-se fazer o desdobramento dos graus de liberdade da interação mais os do fator B para estudar os níveis de B dentro de cada nível de A, sendo que o Q.M. Resíduo (b) é apropriado para o teste F. Igualmente, desdobram-se os graus de liberdade da interação mais os do fator A para estudar os níveis de A dentro de cada nível do fator B e, nesse caso, deve-se compor um quadrado médio denominado Q.M. Resíduo Composto para se efetuar o teste F, ou seja

$$\text{Q. M. Resíduo Composto} = \frac{[\text{Q. M. Resíduo(a)} + (K-1)\text{Q. M. Resíduo(b)}]}{K}$$

com n graus de liberdade, obtido pela fórmula de Satterthwaite (1946), apresentada a seguir

$$n = \frac{[Q.\,M.\,Res\'iduo(a) + (K-1)Q.\,M.\,Res\'iduo(b)]^2}{\dfrac{[Q.\,M.\,Res\'iduo(a)]^2}{(I-1)(J-1)} + \dfrac{[(K-1)Q.\,M.\,Res\'iduo(b)]^2}{I(K-1)(J-1)}}$$

Se a interação não for significativa, os efeitos do fator A e do fator B são independentes e, portanto, devem ser estudados separadamente com testes de comparações múltiplas ou com o uso de análises de regressão, conforme o tipo do fator (qualitativo ou quantitativo) e conforme a significância do teste F.

Tomando como exemplo a mesma condição do experimento apresentado para o esquema fatorial, em que I = 4 herbicidas (H_1, H_2, H_3 e H_4) e K = 3 formas de aplicação dos mesmos (F_1, F_2, e F_3), totalizando 12 tratamentos, instalado no delineamento experimental casualizado em blocos, com 5 blocos, e considerando as formas de aplicação nas parcelas e os herbicidas nas subparcelas, um possível croqui é apresentado na Figura 6.

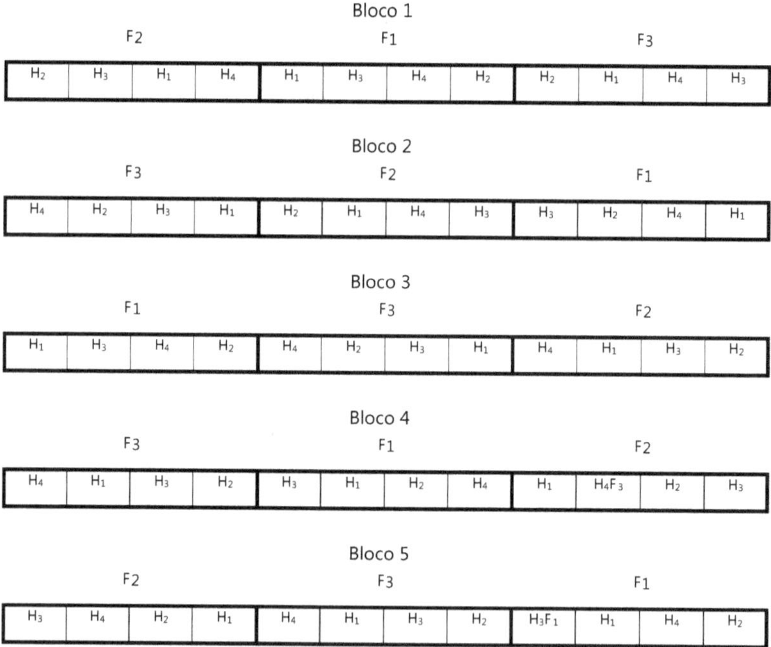

Figura 6 Croqui de um experimento no delineamento casualizado em blocos com parcelas subdivididas.

Em alguns experimentos pode ocorrer de a subparcela ser subdividida novamente em virtude da presença de outro fator que é sorteado dentro dela. Neste caso, tem-se um experimento com parcelas subsubdivididas e sua análise é mais complexa.

Faixas

Em algumas situações, o pesquisador quer instalar um experimento com dois fatores, mas não consegue, por motivos práticos, colocar os níveis dos fatores dispostos no esquema fatorial nem em parcelas subdivididas. Uma alternativa para esses casos, usada na experimentação agronômica, é o esquema de faixas, sendo que também são dois fatores e o interesse é estudar a interação entre eles. O esquema de faixas sempre é utilizado no delineamento casualizado em blocos ao acaso, e para cada bloco são sorteados os níveis do fator A em um sentido do bloco e os níveis do fator B no outro sentido. Assim, conforme será visto no esquema de análise da variância, são obtidos três resíduos: Resíduo (a) para o fator A, Resíduo (b) para o fator B e Resíduo (c) para a interação do fator A com o fator B.

O modelo matemático para o delineamento em blocos ao acaso com os tratamentos dispostos em faixas é

$$y_{ikj} = \mu + r_j + a_i + ar_{ij} + b_k + br_{kj} + ab_{ik} + e_{ikj}$$

em que: i = 1, 2, ... , I , k = 1, 2, ... , K , j = 1, 2, ... , J e

y_{ikj} é o valor observado que recebeu o nível i do fator A, o nível k do fator B, no bloco j;

μ é uma constante inerente a todas as observações, geralmente, o efeito da média geral;

r_j é o efeito do bloco j;

a_i é o efeito do nível i do fator A;

ar_{ij} é o erro experimental relacionado ao fator A, ou seja, o Resíduo (a);

b_k é o efeito do nível k do fator B;

br_{kj} é o erro experimental relacionado ao fator B, ou seja, o Resíduo (b);

ab_{ik} é o efeito da interação do nível i do fator A com o nível k do fator B;

e_{ikj} é o erro experimental relacionado à interação do nível i do fator A com o nível k do fator B, ou seja, o Resíduo (c).

O esquema de análise da variância para o delineamento casualizado em blocos com os tratamentos dispostos em faixas é o apresentado na Tabela 6.

Tabela 6 Quadro de análise da variância para o delineamento casualizado em blocos com os tratamentos dispostos em faixas.

Causa de variação	Graus de liberdade	Somas de quadrados	Quadrados médios	Teste F
Blocos	$J - 1$	S.Q. Blocos	-	-
Fator A	$I - 1$	S.Q. Fator A	Q.M. Fator A	Q.M. Fator A/Q.M. Resíduo (a)
Resíduo (a)	$(I - 1)(J - 1)$	S.Q. Resíduo (a)	Q.M. Resíduo (a)	-
Fator B	$K - 1$	S.Q. Fator B	Q.M. Fator B	Q.M. Fator B/Q.M. Resíduo (b)
Resíduo (b)	$(K - 1)(J - 1)$	S.Q. Resíduo (b)	Q.M. Resíduo (b)	-
Fator A x Fator B	$(I - 1)(K - 1)$	S.Q. Fator A x Fator B	Q.M. Fator A x Fator B	Q.M. Fator A x Fator B/Q.M. Resíduo (c)
Resíduo (c)	$(I - 1)(K - 1)(J - 1)$	S.Q. Resíduo (c)	Q.M. Resíduo (c)	-
Total	$IKJ - 1$	S.Q. Total	-	-

Tomando como exemplo a mesma condição dos experimentos apresentados anteriormente, nos delineamentos de tratamento fatorial e parcelas subdivididas, em que I = 4 herbicidas (H_1, H_2, H_3 e H_4) e K = 3 formas de aplicação dos mesmos (F_1, F_2 e F_3) , totalizando 12 tratamentos, instalado no delineamento experimental casualizado em blocos no esquema de faixas, com 5 blocos, um possível croqui é apresentado na Figura 7.

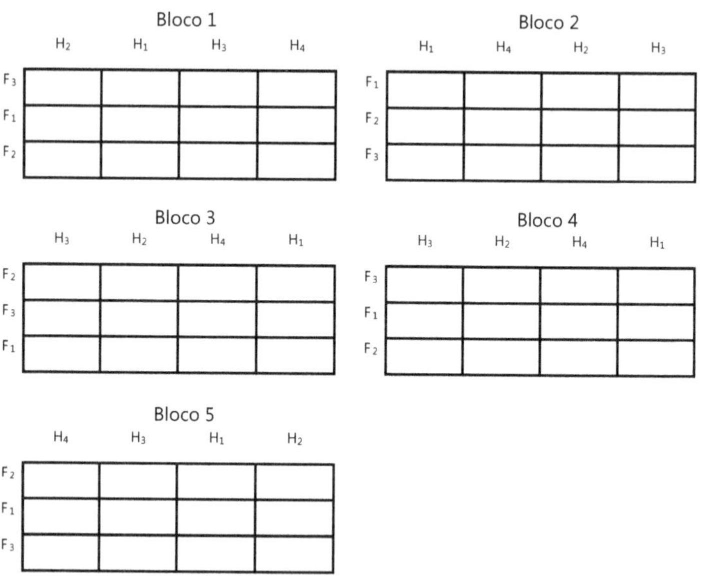

Figura 7 Croqui de um experimento no delineamento casualizado em blocos com os tratamentos dispostos em faixas.

Grupos de experimentos

Na experimentação com plantas infestantes, um único experimento instalado em um só local pode não ser suficiente para que se possa fazer recomendações de produtos, por exemplo, para o controle de pragas. Sendo assim, recomenda-se o uso de grupos de experimentos em que determinado experimento é repetido certo número de vezes em vários locais, visando à obtenção de resultados mais gerais. Essa repetição pode ser também ao longo do tempo. Os experimentos devem ser simples e idênticos e estar dispostos, geralmente, no delineamento de blocos ao acaso. O modelo matemático para um grupo de experimentos em blocos é::

$$y_{ikj} = \mu + b_{j(k)} + t_i + l_k + tl_{ik} + e_{ikj}$$

em que i = 1, 2, ... , I, j = 1, 2, ... , J , k = 1, 2, ... , K e

y_{ikj} é o valor observado na parcela que recebeu o tratamento i, no bloco j, dentro do experimento k;

μ é uma constante inerente a todas as observações, geralmente o efeito da média geral;

$b_{j(k)}$ é o efeito de bloco j dentro do experimento k;

t_i é o efeito do tratamento i;

l_k é o efeito do experimento k;

tl_{ik} é o efeito da interação entre o tratamento i com o experimento k. É, geralmente, admitido como efeito aleatório de média zero e variância   ;

e_{ikj} é o erro experimental.

Esse modelo se refere a um grupo de K experimentos idênticos, sendo que as análises individuais para cada um deles é igual à apresentada no item *Delineamento casualizado em blocos*, no delineamento em blocos ao acaso.

O esquema de análise da variância conjunta de um grupo de experimentos no delineamento casualizado em blocos é o apresentado na Tabela 7.

Verifica-se que, conforme a Tabela 7, se o efeito de experimentos for considerado aleatório, os testes F para tratamentos e para experimentos são feitos com o Q. M. Interação T x E e o da interação com o Q. M. Resíduo Médio.

Como o efeito de blocos nem sempre é importante para o pesquisador, ele é eliminado do modelo, desaparecendo, portanto, da análise de variância, a causa de variação Blocos dentro de Experimentos, sem qualquer prejuízo, pois os componentes do resíduo, como graus de liberdade e soma de quadrados, são obtidos da soma dos graus de liberdade e da soma dos quadrados médios das análises individuais, respectivamente.

Tabela 7 Quadro da análise da variância conjunta de um grupo de experimentos no delineamento casualizado em blocos.

Causa de variação	G.L.	S.Q.	Q.M.	F
Blocos dentro Experimentos	$K(J-1)$	S.Q. Blocos dentro Exp.	–	–
Tratamentos (T)	$I-1$	S.Q. Tratamentos	Q.M. Tratamentos	Q.M. Trat./Q.M. TxE
Experimentos (E)	$K-1$	S.Q. Experimentos	Q.M. Experimentos	Q.M. Exp./Q.M. TxE
Interação TxE	$(I-1)(K-1)$	S.Q. Interação TxE	Q.M. Interação TxE	Q.M. Int.TxE/Q.M. Res. Médio
Resíduo Médio	$K(I-1)(J-1)$	S.Q. Resíduo Médio	Q.M. Res. Médio	–
Total	$IKJ-1$	S.Q. Total	–	–

Para se reunirem esses experimentos em uma única análise de variância, há de se ter homogeneidade de variâncias residuais. Se, porém, o pesquisador optar por aproveitar todos os experimentos, mesmo não havendo a homogeneidade de variâncias, deve-se fazer ajustes dos números de GL do resíduo e da interação T x E. As expressões usadas para esse ajuste são:

Para o Resíduo Médio:

$$n_r = \frac{[Q.\,M.\,Res\acute{i}duo(E_1) + Q.\,M.\,Res\acute{i}duo(E_2) + \ldots + Q.\,M.\,Res\acute{i}duo(E_K)]^2}{\dfrac{[Q.\,M.\,Res\acute{i}duo(E_1)]^2}{n_1} + \dfrac{[Q.\,M.\,Res\acute{i}duo(E_2)]^2}{n_2} + \ldots + \dfrac{[Q.\,M.\,Res\acute{i}duo(E_K)]^2}{n_K}}\,.$$

em que n_k, com $k = 1, 2, \ldots, K$, são os graus de liberdade do resíduo de cada análise individual feita para cada experimento.

Para a interação T x L:

$$n_{ik} = \frac{(I-1)(K-1)^2\,V_1^2}{(K-2)\,V_2 + V_1^2}$$

em que:

$$V_1 = \frac{Q.\,M.\,Res\acute{i}duo(E_1) + Q.\,M.\,Res\acute{i}duo(E_2) + \ldots + Q.\,M.\,Res\acute{i}duo(E_K)}{K} = Q.\,M.\,Res\acute{i}duo\ M\acute{e}dio$$

e

$$V_2 = \frac{[Q.\,M.\,Res\acute{i}duo(E_1)]^2 + [Q.\,M.\,Res\acute{i}duo(E_2)]^2 + \ldots + [Q.\,M.\,Res\acute{i}duo(E_K)]^2}{K}$$

Esses valores servem apenas para consulta às tabelas dos testes F para tratamentos e para a interação T x E e serão usados também na aplicação dos testes de comparações de médias.

É de grande importância verificar a significância ou não da interação T x E. Se o teste F para essa interação for não significativo, pode-se dizer que os tratamentos têm o mesmo comportamento em relação à variável resposta em estudo em todos os locais onde se instalou o experimento. Então, para qualquer local pode-se indicar o(s) melhor(es) tratamento(s). Se a interação for significativa, então, os tratamentos se comportam diferentemente conforme o local observado. Então, a indicação de tratamento por local deve ser feita de acordo com os resultados obtidos nos experimentos individuais (de cada local).

Considerações importantes

Alguns aspectos importantes devem ser ressaltados. O primeiro deles é a classificação das variáveis resposta coletadas no experimento, lembrando que a escolha dos métodos estatísticos que serão usados na análise desses dados depende dessa classificação.

As variáveis podem ser qualitativas ou nominais as quais são importantes em estudos com plantas infestantes e que não assumem qualquer ordem particular mas, simplesmente nomes como, por exemplo, as espécies de pragas e as cores diferentes que elas assumem. Em alguns casos, como, por exemplo, as binárias (sim ou não, presença ou ausência), podem levar a variáveis binomiais que representam o número de vezes que um estado foi observado num total conhecido de observações (número de plantas doentes num total de 30 plantas).

As variáveis ordinais são as que assumem valores numa ordem particular, como, por exemplo, infestação baixa, média ou alta ou, ainda, notas que descrevam o dano foliar, e que não são medidas ou que podem ser expressas por valores numéricos, mas que, por razões práticas, não o são (nível de cobertura de plantas daninhas ou nível de infestação de pulgões).

Quanto às variáveis quantitativas, classificam-se como discretas (contagens) as que assumem apenas alguns valores num intervalo real, ou seja, números inteiros (número de folhas de plantas doentes, número de larvas), e contínuas (mensurações) as que assumem qualquer valor num intervalo real (peso, altura, rendimento).

As variáveis quantitativas podem resultar de operações adequadas, como, por exemplo, valor antes menos valor após à aplicação de determinado tratamento. Valores relativos também podem ser alvo de análise, como, por exemplo, proporções ou porcentagens.

Todo dado referente a uma variável resposta aqui mencionada deve ser obtido de forma precisa e padronizada, respeitando o delineamento experimental para que não ocorram interferências de outros fatores que não são objetivo do estudo e que deixaram de ser controlados. Esses valores, muitas vezes, são partes da parcela, como, por exemplo, algumas plantas, folhas, pragas, que são amostras que devem ser previamente dimensionadas para que representem bem a unidade experimental. As avaliações visuais devem ser feitas por pessoas treinadas previamente para isso, e em alguns casos isso é feito com o auxílio de uma escala ou comparando com um controle não tratado que não fará parte da análise estatística.

Os dados coletados de um experimento devem ser analisados por métodos estatísticos específicos adequados a cada caso. Contagens, classificações que usam escalas (*ranking*) e notas (*scores*) devem ser analisadas com cuidado, usando transformações que o profissional que trabalha com estatística deverá estudar e, consequentemente, indicar para cada caso ou por meio de outros métodos adequados.

Em termos gerais, o tipo de variável determina o método de análise. Se a variável é quantitativa (binário, binomial, discreta ou contínua), um método estatístico paramétrico deverá ser usado, e estes normalmente baseiam-se em modelos lineares generalizados, como, por exemplo, a análise da variância apresentada anteriormente para cada delineamento experimental, regressão polinomial ou logística, nos casos de fator quantitativo. Se a variável for qualitativa, é comum o uso de testes não-paramétricos.

Quando, no conjunto de dados, ocorrerem dados atípicos, excesso de zeros ou variabilidade alta, o pesquisador deve procurar a ajuda de um especialista em estatística experimental.

Quando se faz uma análise da variância admite-se que algumas pressuposições estão sendo atendidas. Essas pressuposições são independência dos resíduos, homogeneidade de variâncias, aditividade dos efeitos e normalidade dos resíduos. Ainda, para se fazer tal análise, recomenda-se que o número de graus de liberdade do resíduo seja em torno de doze.

Além da análise da variância, alguns testes de comparações múltiplas podem ser aplicados, como o teste de Tukey, citado anteriormente, e o teste de Duncan, os quais comparam todos os tratamentos dois a dois. Deve-se fazer referência ao uso de contrastes ortogonais, sendo que cada contraste tem por objetivo comparar grupos de tratamento, como, por exemplo, tratamentos tratados *versus* tratamentos controle, formulações do herbicida 1 *versus* formulações do herbicida 2.

É frequente, num mesmo modelo, a presença de efeitos fixos e de efeitos aleatórios, o que leva a análises estatísticas usando técnicas de modelos mistos. Um caso particular que ocorre em experimentos com plantas daninhas é a avaliação da mesma planta ou da mesma parcela em diferentes épocas após a aplicação de um produto. Nestes casos, a ajuda de um especialista se faz necessária.

Finalmente, cumpre salientar que o planejamento de um experimento e a análise estatística dos dados coletados de um experimento são complexos e diferentes para cada estudo. Desta forma, o pesquisador deve procurar a ajuda de um especialista em estatística experimental, sempre que tiver dúvidas, pois o mesmo lhe indicará o caminho mais adequado a seguir, que o pesquisador pode desconhecer.

Legislação Brasileira de Agrotóxicos: Aspectos Agronômicos, Toxicológicos e Ambientais

2

Guilherme Luiz Guimarães
Marcelo Hirata Campacci

Introdução

Qualquer defensivo agrícola, para ser colocado à venda no Brasil, tem de obter, primeiramente, registro no órgão federal competente, o Ministério da Agricultura, Pecuária e Abastecimento (MAPA), de acordo com a Lei 7.802, de 11 de junho de 1989, e Decreto 4.074, de 4 de janeiro de 2002, o qual foi posteriormente modificado pelos Decretos 5.549, de 22 de setembro de 2005, e 5.981, de 6 de dezembro de 2006. Essa aprovação final do MAPA necessita das análises toxicológicas realizadas pela ANVISA e das análises ambientais feitas pelo IBAMA

Após a obtenção do registro federal, todo produto necessita ser cadastrado nas 27 unidades da federação, sem o qual não pode ser comercializado. Não há uniformidade nos requisitos estaduais para cadastramento, e cada estado tem sua própria legislação.

Nossa legislação pode ser equiparada com as mais avançadas do mundo, principalmente aquelas dos países desenvolvidos e com agricultura bastante tecnificada. É muito exigente no que se refere aos estudos solicitados, requerendo todos os mecanismos e instrumentos necessários à comprovação da qualidade dos dados apresentados, bem como a rastreabilidade dos mesmos. O país, no entanto, necessita aprimorar sua forma de avaliação, passando da avaliação do perigo para avaliação do risco, em que é possível visualizar claramente a exposição a que estão submetidos o ser humano e o ambiente.

A bateria de estudos solicitados atende às exigências dos três órgãos envolvidos no processo (Figuras 1 e 2): MAPA, IBAMA (Instituto Brasileiro do Meio Ambiente e dos Recursos Naturais Renováveis) e ANVISA (Agência Nacional de Vigilância Sanitária).

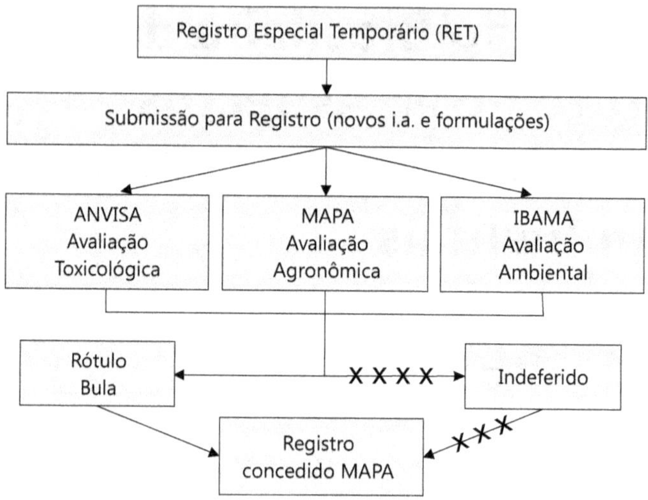

Figura 1 Fluxograma do processo de registro no Brasil.

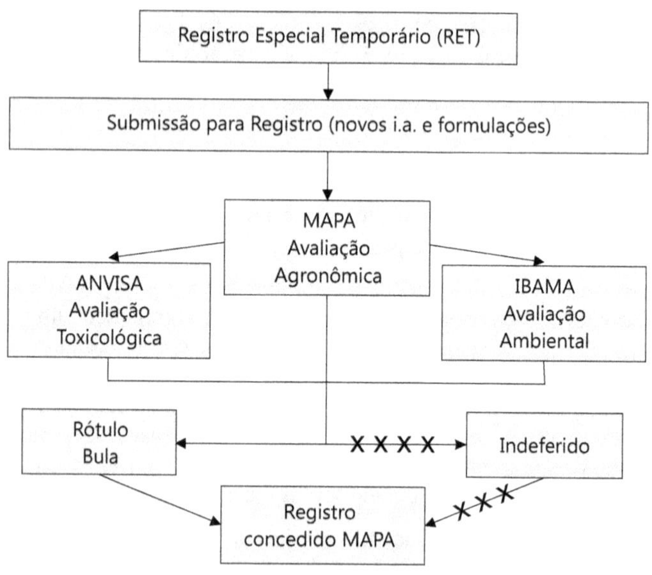

Figura 2 Fluxograma do processo de pós-registro no Brasil.

MAPA

Órgão responsável pela avaliação agronômica da submissão de registro, tendo por base os estudos de eficácia agronômica (Instrução Normativa nº 36, de 24 de novembro de 2009, complementada pela Instrução Normativa nº 42, de 5 de dezembro de 2011), os quais proveem informações como doses, alvos biológicos, forma de aplicação, rótulo e bula.

Posteriormente, após o recebimento das avaliações toxicológica e ambiental, realizadas pela ANVISA e pelo IBAMA, respectivamente, emite o certificado de registro do produto, que confere a possibilidade de uso em todo o território nacional. A autorização definitiva para comercialização ocorre após cadastramento em cada uma das unidades federativas da União.

ANVISA

Órgão responsável pela avaliação toxicológica; qualquer defensivo agrícola (não genérico) deve apresentar uma série de estudos toxicológicos para o produto técnico e para cada produto formulado. Os estudos requeridos para o produto técnico dividem-se basicamente em:

Estudos agudos – Seis testes são solicitados: DL_{50} oral aguda, DL_{50} dérmica aguda, irritabilidade dérmica, irritabilidade ocular, sensibilização dérmica e CL_{50} inalatória. Uma consequência direta da análise desses estudos é a *Classificação Toxicológica*, que se manifesta em rótulos e bulas por meio da faixa colorida e frases de advertência. A Tabela 1 e a Figura 3 mostram a forma de classificação e as cores em rótulos e bula.

Tabela 1 Classificação toxicológica.

CLASSE	DL_{50} oral (mg/kg) FORMULAÇÃO		DL_{50} dérm. (mg/kg) FORMULAÇÃO		CL_{50} Inalatória (mg/l/lb)	LESÕES OCULARES	LESÕES DÉRMICAS
	Líquida	Sólida	Líquida	Sólida			
I Extremamente Tóxico	< 20	<5	<40	<10	<0,2	Opacidade de córnea reversível ou não dentro de 7 dias ou irrit.persistente nas mucosas oculares	Ulceração ou corrosão na pele dos animais
II Altamente Tóxico	> 20 a 200	>5 a 50	>40 a 400	>10 - 100	>0,2 -2	Não pode apresentar opacidade de córnea. Irritação reversível em 7 dias	
III Medianamente Tóxico	> 200 a 2000	>50 a 500	>400 a 4000	>100 -1000	>2 -20	Não pode apresentar opacidade de córnea. Irritação reversível em 72h.	Irritação moderada (> 3 a 5 Draize e Cols)
IV Pouco Tóxico	>2000	>500	>4000	>1000	>20	Não pode apresentar opacidade de córnea. Irritação leve reversível em 24h.	

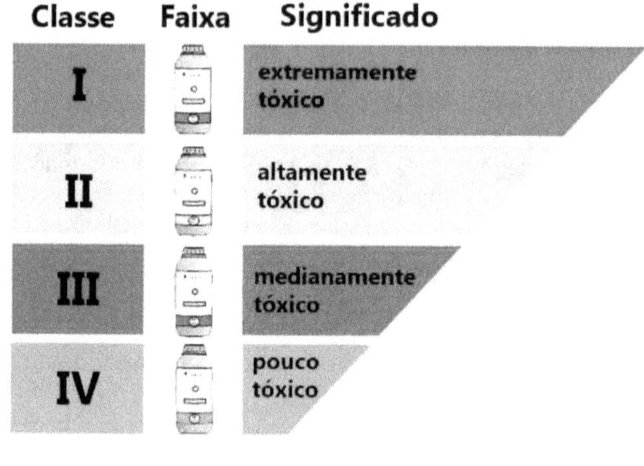

Figura 3 Classificação toxicológica.

É importante notar que:

A classificação toxicológica baseia-se apenas nos estudos toxicológicos agudos – nada representa em termos de toxicologia crônica nem em relação ao ambiente.

Estudos subcrônicos e crônicos – Estudos com durabilidade de 28 dias a 2 anos, realizados com animais de laboratório, em instituições credenciadas. Desses estudos, além das análises toxicológicas de diversos parâmetros, extraem-se alguns parâmetros, dentre os quais destacamos: NOEL (nível sem efeito toxicológico observado) e NOAEL (nível sem efeito toxicológico adverso observado). Esses valores são muito importantes para o cálculo do que se denomina Ingestão Diária Aceitável (IDA), como será visto mais adiante.

Outros estudos – Estudos de teratogênese e reprodução, mutagênese, de metabolismo; outros estudos adicionais podem ser solicitados, dependendo do produto em análise.

Estudos de resíduos – Estudos que se baseiam nas diretrizes da RDC nº 4, de 18 de janeiro de 2012, que podem ser em número de 2 a 4, dependendo do tipo de produto e seu uso. Estes estudos devem seguir rigorosamente as instruções contidas nas bulas. Dois tópicos fundamentais são extraídos desses estudos: o LMR (Limite Máximo de Resíduos) e o IS (Intervalo de Segurança).

Limite Máximo de Resíduo (LMR) – Quantidade máxima de resíduo de agrotóxico ou afim oficialmente aceita no alimento, em decorrência da aplicação adequada numa fase específica, desde sua produção até o consumo, expressa em partes (em peso) do agrotóxico, afim ou seus resíduos por milhão de partes de alimento (em peso) (ppm ou mg/kg).

Exemplos práticos:

a) Para certo produto X, o LMR determinado pela ANVISA é de 0,35 mg/kg – isto quer dizer que em um quilo de pimentão pode existir, no máximo, 0,35 mg do produto X.

b) Um produto Y, para uso em morango, teve seu limite máximo de resíduo permitido estipulado em 0,15 mg/kg – isto significa que em um quilo de morango pode existir, no máximo, 0,15 mg do inseticida Y.

Intervalo de segurança ou período de carência – intervalos que se baseiam no Decreto 4074, de 4 de janeiro de 2002, conforme descrito a seguir:

a) Antes da colheita: intervalo de tempo entre a última aplicação e a colheita.

b) Pós-colheita: intervalo de tempo entre a última aplicação e a comercialização do produto tratado.

c) Em pastagens: intervalo de tempo entre a última aplicação e o consumo do pasto.

d) Em ambientes hídricos: intervalo de tempo entre a última aplicação e o reinício das atividades de irrigação, dessedentação de animais, balneabilidade, consumo de alimentos provenientes do local e captação para abastecimento público.

e) Com relação a culturas subsequentes: intervalo de tempo transcorrido entre a última aplicação e o plantio consecutivo de outra cultura.

Ingestão Diária Aceitável (IDA) – De acordo com a Portaria n° 03, de 16 de janeiro de 1992, da SNVS/MS: "quantidade máxima que, ingerida diariamente durante toda a vida, parece não oferecer risco apreciável à saúde, à luz dos conhecimentos atuais. É expressa em mg do agrotóxico por kg de peso corpóreo (mg/kg p.c)".

Para se determinar a IDA, normalmente se utiliza o nível sem efeito toxicológico observado (NOEL) ou o nível sem efeito toxicológico adverso observado (NOAEL). Dentre os diversos valores encontrados nos diferentes estudos subcrônicos e crônicos, utiliza-se, de forma geral, o menor deles, dividindo-se por um fator de segurança, normalmente 100, que representa a multiplicação de 2 fatores 10, um significando a variabilidade interespécie e o outro a variabilidade intraespécie.

$$IDA = NOEL\ (NOAEL)/FS$$

A unidade é mg do produto/kg de peso corpóreo/dia.

Nota-se que há grande segurança no cálculo da IDA, uma vez que se divide um nível sem efeito toxicológico por uma fator de segurança de 100 vezes; trata-se de uma prática global, ou seja, as principais agências regulatórias utilizam essa forma de cálculo, sempre buscando maior segurança para o consumidor.

Qual a relação entre IDA e o consumo alimentar?

$$IDA \leq consumo\ total\ diário\ x\ LMRs$$

O consumo diário é dado por intermédio de pesquisas da cesta básica, realizadas periodicamente pelo IBGE (Figura 4). Após análise toxicológica de um produto (técnico ou formulado), a ANVISA emite o documento denominado de Informe de Avaliação Toxicológica (IAT), como resultado final.

Figura 4 Pesquisas de Orçamentos Familiares – IBGE.

Monografia – É o documento final expedido pela ANVISA depois da avaliação de um novo ingrediente ativo. Contém, dentre outras informações, nome comum, nome químico, fórmula estrutural, tipo de produto, culturas aprovadas e seus limites máximos de resíduos e intervalos de segurança e o valor da IDA (Figura 5).

ÍNDICE MONOGRÁFICO	NOME
C03	CARBARIL

C03 – Carbaril

a) Ingrediente ativo ou nome comum: CARBARIL (carbaryl)

b) Sinonímia: NAC

c) Nº CAS: 63-25-2

d) Nome químico: 1-naphthyl methylcarbamate

e) Fórmula bruta: $C_{12}H_{11}NO_2$

f) Fórmula estrutural:

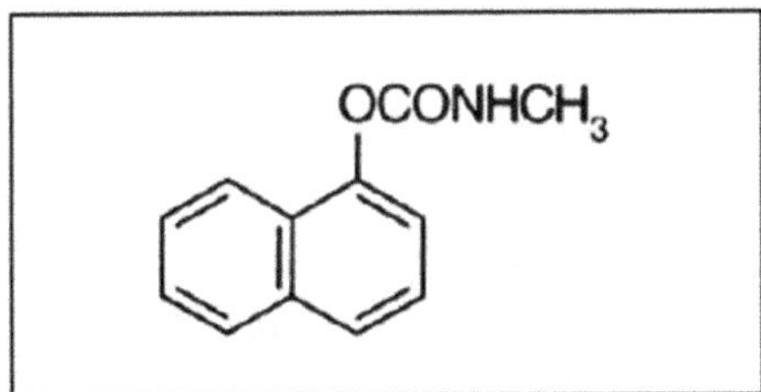

g) Grupo químico: Metilcarbamato de naftila

h) Classe: Inseticida

i) Classificação toxicológica: Classe II

j) Uso agrícola: autorizado conforme indicado.

Modalidade de emprego: aplicação foliar nas culturas de abacaxi, abóbora, algodão, alho, banana, batata, cebola, couve-flor, feijão, maçã, pastagem, pepino, repolho e tomate.

Culturas	Modalidade de Emprego (Aplicação)	LMR (mg/kg)	Intervalo de Segurança
Abacaxi	Foliar	0,5	7 dias
Abóbora	Foliar	0,1	3 dias
Algodão	Foliar	0,05	15 dias
Alho	Foliar	0,2	14 dias
Banana	Foliar	0,2	14 dias
Batata	Foliar	0,1	30 dias
Cebola	Foliar	0,1	14 dias
Couve-flor	Floiar	0,02	14 dias
Feijão	Foliar	0,5	3 dias
Maçã	Foliar	2,0	7 dias
Pastagem	Foliar	100,0	5 dias
Pepino	Foliar	0,02	3 dias
Repolho	Foliar	0,2	14 dias
Tomate	Foliar	0,1	3 dias

l) Ingestão Diária Aceitável (IDA) = 0,003 mg/kg p.c.

m) Emprego domissanitário: autorizado conforme indicado.

Entidades especializadas	2,5 % p/p
Pós e granulados	5,0 % p/p
Volatilizantes	não permitido

Figura 5 Monografia.

IBAMA

Órgão responsável pela avaliação ambiental das substâncias submetidas a registro. A avaliação dos possíveis impactos ao ambiente requer perfeito entendimento de toxicologia, ecologia e processos; trata-se de análise mais complexa do que a avaliação toxicológica e cobre grande variedade de espécies, como peixes, algas, invertebrados aquáticos, insetos não alvo, aves, minhocas, microorganismos terrestres dentre outros, além de profundo conhecimento dos processos de transformação, transferência e transporte do produto no ambiente.

Para tanto, o IBAMA solicita estudos que podem ser divididos em cinco grupos:

♦ Características físico-químicas;
♦ Toxicidade para organismos não-alvos;
♦ Comportamento no solo;
♦ Toxicidade para animais superiores;
♦ Potencial genotóxico, embriofetotóxico e carcinogênico.

O IBAMA analisa a ação do produto sobre a cadeia alimentar (aquática e terrestre), com ênfase especial à toxicidade para organismos individuais e fator de bioconcentração, comportamento no ambiente (degradação, tempo de permanência nas diversas matrizes, meia-vida, lixiviação, formas de transporte), além de avaliar a ação tóxica sobre animais superiores. A submissão segue o processo apresentado na Figura 6.

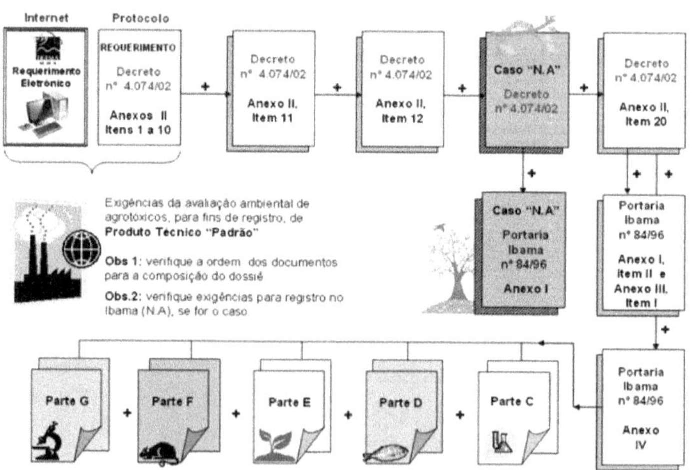

Figura 6 Processo de submissão.

Após análise dos estudos apresentados, o IBAMA determina o Potencial de Periculosidade Ambiental (PPA), como pode ser visto na Figura 6 e na Tabela 2.

Tabela 2   Fechamento do produto.

TRANSPORTE	PERSISTÊNCIA	BIOACUMULAÇÃO	DIVERSOS ORGANISMOS	
Solubilidade	Hidrólise	$\log K_{ow}$	Microrganismos	Classe
Mobilidade	Fotólise	FBC	Minhocas:	
Adsorção	Biodegradabilidade		Microcrustáceos Agudo:	
TOTAL	TOTAL / X2	TOTAL / X2	Algas	
			Peixes agudo:	
			Aves dose única dieta:	
			Abelhas	
			DL_{50} oral (mamíferos)	
			CL_{50} inalatória	
			DL_{50} dérmica	
			Irritação/corrosão dérmica	
			Irritação/corrosão ocular	

Analisado o comportamento do produto, de acordo com os dados solicitados, o IBAMA emite um parecer denominado de PPA (Potencial de Periculosidade Ambiental), que traz, além da classificação do produto do ponto de vista ambiental, frases de advertência sobre os pontos mais impactantes.

Importante frisar que todos os estudos submetidos para registro de algum agrotóxico, no Brasil, sejam eles toxicológicos ou ambientais, devem ser realizados de acordo com os Princípios das Boas Práticas Laboratorias (BPL), que, além de atestar a qualidade dos estudos, confere-lhes um sistema de rastreabilidade. Os Princípios das Boas Práticas de Laboratório é um sistema de qualidade que abrange o processo organizacional e as condições nas quais estudos não-clínicos de segurança à saúde humana e ao meio ambiente são planejados, desenvolvidos, monitorados, registrados, arquivados e relatados.

Herbicidas: Questões de Segurança no Trabalho

3

Joaquim Gonçalves Machado Neto

Introdução

Os trabalhadores expostos a compostos químicos tóxicos em geral, assim como os dos herbicidas, podem sofrer intoxicações em virtude da contaminação das vias de absorção do corpo que ocorre nas diversas condições de trabalho. Os trabalhadores em exposição direta aos herbicidas realizam atividades de manipulação em qualquer uma das etapas de armazenamento, transporte, preparo, aplicação, descarte e descontaminação de equipamentos e vestimentas, de acordo com a norma regulamentadora NR 31:2013 (BRASIL, 2015a). Portanto, em qualquer trabalho com agrotóxicos, inclusive com os herbicidas, há o risco de intoxicação, cuja intensidade depende da toxicidade do composto manuseado e da exposição proporcionada pela condição de trabalho (BONSAL, 1985).

O gerenciamento da segurança das condições de trabalho com os herbicidas, e com os agrotóxicos em geral, para os trabalhadores, inicia-se com a avaliação do risco existente nas condições especificas de trabalho e, se houver necessidade, implementam-se medidas de segurança mais adequadas às condições de trabalho específicas. A avaliação do risco compreende estudos qualitativos e quantitativos, em que são considerados os dados toxicológicos, o tipo de dano provocado pelo agrotóxico ao organismo exposto, as doses utilizadas e os efeitos correspondentes, os dados de exposição e de eficácia eficácia de medidas de segurança, para determinar o grau de segurança da condição de trabalho (LARINI, 1999).

A avaliação de risco consiste na determinação da probabilidade de ocorrência de efeitos adversos em virtude da exposição aos compostos tóxicos, ou perigos para a saúde. Assim, o risco de intoxicação no trabalho com os herbicidas depende da toxicidade, ou periculosidade, do produto e da intensidade da exposição do trabalhador no posto de trabalho (TURNBULL et al., 1985).

A toxicidade é uma propriedade intrínseca dos agrotóxicos, determinada de acordo com os procedimentos experimentais estabelecidos em normas editadas por organizações nacionais (ABNT) ou internacionais (EPA, OECD, WHO, dentre outras) como requisitos para registro e comercialização no mercado nacional. A toxicidade dos compostos tóxicos é determinada com organismos-testes expostos em condições controladas de laboratório (BONSALL, 1985). Nessas normas, são padronizadas todas as variáveis relacionadas com o organismo-teste (espécie, raça, linhagem, idade, peso, dentre outras) e com as condições ambientais (umidade, temperatura, luminosidade, fotoperíodo, substratos neutros, dentre outras). Assim, determina-se o potencial máximo de toxicidade da substância ao organismo-teste, que fica exposto à totalidade das concentrações ou dosagens testadas. Os dados toxicológicos gerados nesses estudos são utilizados nas avaliações quantitativas do risco de intoxicação.

A exposição ocupacional é determinada pelo tipo de trabalho ou atividade realizada, pela forma como é realizado, pelo tipo de formulação do produto, concentração do ingrediente ativo na formulação e dose recomendada.

A exposição ocupacional também pode ser estimada por dados substitutos, ou seja, por meio da exposição a outros produtos em condições de uso similares, normalmente obtidos em banco de dados de exposição, pois o uso de dados substitutos é plenamente aceitável (JENSEN, 1984).

A legislação trabalhista brasileira específica sobre segurança no trabalho com os agrotóxicos, a NR 31:2013 (BRASIL, 2015), determina que cabe ao empregador realizar avaliações dos riscos para a segurança e saúde dos trabalhadores e, com base nos resultados, adotar medidas de prevenção e proteção para garantir que todas as atividades, lugares de trabalho, máquinas, equipamentos, ferramentas e processos produtivos sejam seguros e em conformidade com as normas de segurança e saúde.

O objetivo deste capítulo é difundir informações sobre a segurança no trabalho com os agrotóxicos em geral e com os herbicidas em particular, motivar o trabalhador a tornar um hábito as ações de prevenção do risco de intoxicação com os herbicidas, motivar o empresário a implementar a segurança dos ambientes de trabalho e controlar os riscos a níveis aceitáveis para dar qualidade de vida ao trabalhador e aumentar a produtividade e a competividade das organizações.

Avaliação do Risco de Intoxicação com Herbicidas

O risco de intoxicação do trabalhador com herbicidas depende de inúmeros aspectos, que podem ser agrupados em dois fatores principais: a toxicidade dos herbicidas manipulados e a exposição proporcionada pelas condições específicas de trabalho (BONSAL, 1985). Portanto, a gestão da segurança e da saúde no trabalho com os herbicidas deve ser abordada por meio das etapas estabelecidas pela higiene do trabalho e pelo PPRA – Programa de Prevenção de Riscos Ambientais:NR 9:2014 (BRASIL, 2015c), que consiste em identificar, reconhecer, avaliar e controlar os riscos existentes nos locais de trabalho.

Antecipação e Identificação dos Riscos

Em um plano de gestão da segurança e saúde dos trabalhadores há a necessidade de antecipar e identificar os potenciais riscos e perigos à saúde, antes que determinado processo produtivo seja implantado ou modificado, ou que novos agentes geradores de riscos sejam introduzidos no ambiente de trabalho.

Os riscos podem ser previstos antecipadamente na fase de planejamento da atividade produtiva, na aquisição de novos equipamentos e/ou materiais (inclusive substâncias químicas), na necessidade de implementação dos planos de manutenção preventiva e na determinação do processo de trabalho.

A identificação dos riscos de intoxicação com agrotóxicos inicia-se com a determinação do sistema de produção agrícola. Os sistemas de produção podem ser o *orgânico*, que não admite o uso de produtos tóxicos sintéticos, ou *convencional*, que admite o uso de tecnologias agrícolas avançadas, inclusive o uso de agrotóxicos. Portanto, o risco de intoxicação no trabalho com os agrotóxicos existe apenas nos sistemas de cultivo convencional.

O uso de agrotóxicos nos cultivos convencionais depende de grande diversidade de fatores inter-relacionados que podem ser agrupados em: relação direta com a cultura agrícola, ambiente do cultivo e organismos alvos de controle.

No planejamento de um cultivo agrícola, o profissional deve prever a ocorrência de organismos que causam danos às plantas cultivadas e os métodos de controle. Quando a opção técnica for o controle químico, a recomendação dos agrotóxicos está claramente determinada na bula de cada formulação legalmente registrada na agência reguladora nacional, Decreto-lei nº 4074:2002 (BRASIL, 2015b).

Reconhecimento dos Riscos

Na etapa de reconhecimento dos riscos, analisa-se e observa-se o ambiente de trabalho a fim de identificar os agentes existentes e os respectivos riscos potenciais associados. A prioridade de avaliação e de controle dos riscos existentes nesse ambiente de trabalho deve ser estabelecida. *Qual?*

Onde? O quê? e *Como?* – são questões que devem obrigatoriamente ser respondidas.

Para responder a essas perguntas são necessários conhecimentos profundos dos produtos envolvidos no processo, dos métodos de trabalho, do fluxo do processo e do *layout* das instalações (SALIBA, 2013).

A fase de reconhecimento dos riscos de intoxicação com os agrotóxicos pode ser executada por meio de análise da bula dos agrotóxicos, com as informações relativas ao produto, ao meio ambiente e à proteção da saúde humana (Decreto-lei 4074:2002; BRASIL, 2015b). Uma das informações na bula particularmente importante para a segurança do trabalhador é o tipo de formulação, que determina o tipo de equipamento de aplicação.

Na bula consta o modo de aplicação, calibração e regulagem dos equipamentos de aplicação. A exposição do trabalhador é à deriva, que corresponde à parte da aplicação não retida no alvo. A intensidade da deriva e da exposição depende de diversos fatores, em que predominam o método de aplicação e o equipamento de aplicação. Na bula há obrigatoriamente informações sobre intoxicação, toxicidade aguda e crônica dos agrotóxicos, tratamento dos intoxicados e medidas de prevenção de proteção dos trabalhadores.

A identificação das condições de trabalho e do posto de trabalho, que são as atividades ou operações realizadas, é fundamental na determinação do risco de intoxicação com os herbicidas, pois determina o tipo de exposição do trabalhador.

A legislação sobre segurança no trabalho com agrotóxicos (NR 3:20131) considera trabalhadores em exposição direta os que manipulam os agrotóxicos, adjuvantes e produtos afins, em qualquer uma das etapas de armazenamento, transporte, abertura de embalagens, preparo de caldas, aplicação, descarte, descontaminação de equipamentos e vestimentas (BRASIL, 2015a). Assim, identifica-se o grupo homogêneo de trabalho (GHT), ou seja, os trabalhadores que exercem a mesma atividade, cujas medidas de segurança serão similares para todos os trabalhadores que atuam na mesma condição de trabalho (CAMPOS, 1999). O resultado da avaliação da exposição em qualquer trabalhador do grupo é representativo da exposição do restante dos trabalhadores do mesmo grupo (SCALDELAI et al., 2012).

Avaliação do Risco de Intoxicação

O procedimento para realizar a avaliação do risco de intoxicação com os agrotóxicos foi estabelecido em um documento da Academia Nacional de

Ciências Americana (USA), em 1983, como um processo de quatro etapas (USEPA, 1989). Franklin et al. (1982) citam que essas quatro etapas podem ser esquematizadas no diagrama apresentado na Figura 1.

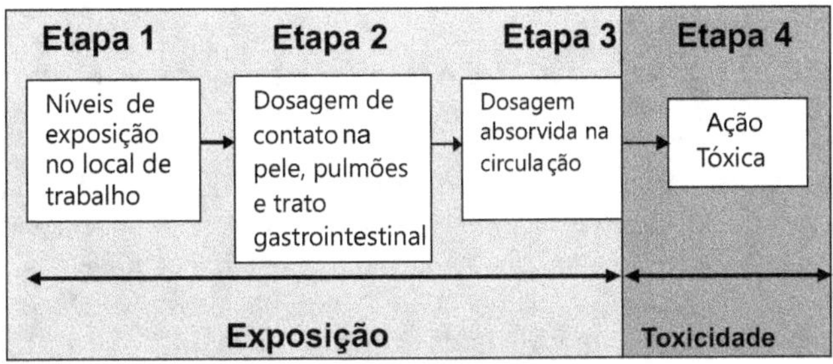

Figura 1 Diagrama das etapas do processo de avaliação do risco de intoxicação no trabalho com agrotóxicos (FRANKLIN et al., 1982).

A exposição engloba três das quatro etapas do processo de avaliação do risco de intoxicação com agrotóxicos. Portanto, a intensidade da exposição e os locais de trabalho com agrotóxicos dependem de fatores existentes na etapa 1 e que têm efeito na quantidade disponível para entrar em contato com as vias de absorção do trabalhador. Dentre os fatores prontamente identificáveis, Franklin et al. (1982) destacam os seguintes:

a) Tipo de equipamento de aplicação. Este fator destaca-se com grande relevância, pois geralmente as aplicações de agrotóxicos podem ser feitas com mais de um tipo de equipamento, que proporcionam exposições com diferentes intensidades (MACHADO NETO et al., 1996).

b) Alta ou baixa pressão de trabalho.

c) Tamanho do tanque do equipamento de aplicação.

d) Bicos de pulverização.

e) Altura ou direção da aplicação.

f) Volume de aplicação.

g) Modo de aplicação (aérea ou terrestre).

h) Tipo de formulação (pó seco, grânulos, pó molhável, concentrado emocionável, etc.).

i) Volatilidade dos defensivos agrícolas.

j) Tipo de atividade (misturador, carregador, bandeirinhas nas aplicações aéreas, etc.).

k) Duração do tempo de aplicação ou manuseio.

l) Volume de aplicação.

m) Tipo de cultura (HAYES, 1975; ILSE, 1999).

n) Atitudes do trabalhador: mau uso, manuseio displicente ou descuidado (HAYES, 1975).

o) Frequência das exposições e medidas de segurança, de proteção e de higiene adotadas (GARCIA e ALMEIDA, 1991).

Outras variáveis ambientais, como temperatura do ambiente, condições de vento, etc., podem alterar a intensidade da exposição do trabalhador. Porém, deve-se tomar cuidado com a extrapolação de dados de exposição entre condições de trabalho similares quando algumas dessas variáveis podem ter efeito profundo na intensidade da exposição (FRANKLIN et al., 1982).

Não obstante os inúmeros fatores influentes, a exposição no trabalho com agrotóxicos está diretamente relacionada com a concentração do ingrediente ativo no veículo de diluição a que o trabalhador está exposto e com o tempo de exposição efetiva (BONSALL, 1985).

Portanto, o conhecimento das vias de exposição e da importância relativa de cada uma na exposição total, que está relacionado com a etapa 2 (Figura 1), é fundamental para se selecionarem as medidas de segurança mais efetivas, confortáveis, econômicas e aplicáveis, nas condições específicas de trabalho com agrotóxicos.

Exposição ocupacional

A exposição dos trabalhadores aos agrotóxicos pode ser potencial ou real. A exposição potencial refere-se à quantidade do composto tóxico coletada sobre a pele e nas vias respiratória e oral do trabalhador, ou com potencial de atingi-la na ausência ou completa permeabilidade das roupas, ou vestimentas, utilizadas no momento da operação (TURNBULL et al., 1985). A exposição potencial é a exposição pelas vias de absorção sem nenhuma proteção coletiva (ex. cabina do trator) ou individual (equipamentos de proteção individual – EPI). Ou seja, a exposição potencial é toda a quantidade de agrotóxico que poderia atingir o corpo do trabalhador.

A exposição real refere-se à quantidade absoluta do composto tóxico que entra em contato e fica prontamente disponível para ser absorvida pelas vias dérmica, respiratória ou oral, em determinado período de tempo de trabalho (BONSALL, 1985). Assim, a exposição real é uma parte da exposição potencial, pois uma parte da exposição potencial é interceptada pelo uso de alguma medida de proteção coletiva ou individual, ou, no mínimo, pela roupa de uso pessoal (calça, camisa, etc.).

A exposição proporcionada pelas condições especificas de trabalho é a potencial, resultante da interação de seus fatores de risco dominantes nas condições especificas de trabalho. Em estudos realizados em diversas condições de campo tem-se observado que 99% ou mais da exposição total ocorre pela via dérmica e apenas 1% ou menos, pela via respiratória (WOLFE et al., 1972; VAN HEMMEN, 1992; OLIVEIRA, 2000).

Da exposição total de tratoristas pulverizando onze agrotóxicos em pomar de citros com um pulverizador tipo turbo-pulverizador, em média, 99,7 a 99,9% ocorre pela via dérmica e apenas 0,1 a 0,3% ocorre pela via respiratória (WOLFE et al., 1972). Essa constatação tem importância capital ao se adotarem medidas de segurança, principalmente para o uso de equipamentos de proteção individual (EPI).

A grande superioridade da exposição por via dérmica explica-se pela exposição às gotas da pulverização, ou névoa de pulverização, que vêm em direção ao corpo do tratorista e atingem a pele. A exposição reduzida pela via respiratória explica-se pela baixa contaminação do ar que o tratorista respira. A baixa contaminação do ar respirável se deve à fantástica dispersão das gotas de pulverização no ar atmosférico. Wolfe et al. (1972) também destacam a grande distância entre o tratorista e os bicos e jato de pulverização e, portanto, a área de maior concentração das gotas.

Além desses aspectos, deve ser considerado também o potencial de alcance da corrente sanguínea, ou de absorção dos agrotóxicos nas vias de exposição. Após o contato, a primeira etapa de entrada do composto tóxico nas vias de exposição no corpo do trabalhador é a absorção. Na via respiratória, a absorção do agrotóxico que chega aos pulmões é rápida e completa (DURHAM e WOLFE, 1962). Na via dérmica, a absorção dos agrotóxicos é mais lenta e parcial, pois a pele é uma eficiente barreira natural de proteção do organismo.

Exposição Dérmica

A pele é formada por duas camadas: a epiderme, mais externa, e a derme, formada por tecido conjuntivo e onde se encontram vasos sanguíneos, nervos, folículos pilosos, glândulas sebáceas e sudoríparas. O contato direto com o meio externo ocorre por meio dos folículos e das glândulas da derme sob e infiltrada na epiderme. Assim, as substâncias químicas podem ser absorvidas, principalmente, por intermédio das células epidérmicas ou folículos pilosos.

A velocidade de absorção dos agentes químicos na pele é limitada principalmente pelo extrato córneo contínuo, composto pelas camadas epiderme e derme. As substâncias lipossolúveis penetram por difusão passiva através dos lipídios existentes entre os filamentos de queratina. A velocidade de absorção das substâncias oleosas é indiretamente proporcional à viscosidade e volatilidade do agente. Para as substâncias polares, de baixo peso molecular, a absorção ocorre através da superfície externa do filamento de queratina, no extrato hidratado.

A absorção transepidérmica é a mais frequente, em virtude do elevado número de células epidérmicas existentes, embora não seja muito fácil para os compostos tóxicos. A penetração dos compostos tóxicos na pele depende de seus modelos farmacocinéticos de absorção (MATHIAS et al., 1985) e pode variar de 0,8 a 6,0% (GUY et al., 1985) a até 80% (BRONAUGH, 1985).

A absorção transfolicular é menos significativa do que a transepidérmica. Algumas substâncias químicas podem penetrar pelos folículos pilosos e chegar rapidamente à derme. A penetração é mais fácil para os agentes químicos, pois não necessitam passar pela camada córnea. As substancias lipossolúveis ou hidrossolúveis, ionizadas ou não ionizadas, gás ou vapor, ácidas ou básicas, podem penetrar pelos folículos.

Exposição respiratória

A exposição respiratória é a gota de pulverização que contém os compostos tóxicos e de possíveis vapores tóxicos na região da respiração do trabalhador. As gotas são partículas em suspensão no ar denominadas de aerodispersoides líquidos. Os aerodispersoides líquidos são partículas liquidas produzidas por ruptura mecânica de líquido (névoa) ou por condensação (neblina) de vapores de substâncias líquidas à temperatura normal (SALIBA et al., 2002). As pulverizações dos agrotóxicos são névoas de gotas de água. Os aerodispersoides são classificados pelo diâmetro (Ø), conforme apresentado na Tabela 1 (SALIBA, 2013).

Tabela 1 Classificação dos aerodispersoides pelo tipo e tamanho dos particulados, para a exposição respiratória (SALIBA, 2013).

Tipo de particulado	Tamanho (µm)
Sedimentável	10 < Ø < 150
Inalável	Ø < 10
Respirável	Ø < 5
Visível	Ø > 40

As partículas mais nocivas são as inaláveis e respiráveis. As inaláveis normalmente se depositam nas vias respiratórias superiores; as respiráveis adentram as vias respiratórias superiores e inferiores, atingem os pulmões e os alvéolos pulmonares. Nos alvéolos, os compostos tóxicos permeiam as membranas alveolares, atingem a corrente sanguínea e o sítio de ação tóxica no organismo.

Um dos parâmetros da tecnologia de aplicação de agrotóxicos é o tamanho das gotas. As gotas de pulverização normalmente têm diâmetro mediano volumétrico (DMV) na faixa dos particulados sedimentáveis e visíveis (Tabela 1). O tamanho das gotas pode ser mais um dos fatores que explicam a baixa exposição respiratória determinada em condições de campo (WOLFE et al., 1972; VAN HEMMEN, 1992; OLIVEIRA, 2000).

Quantificação das exposições dérmicas e respiratórias

O método mais adequado para avaliar a exposição dérmica é o de corpo todo, com o uso de vestimentas de quantificação da exposição, de acordo com o protocolo VBC 82.1 (WHO, 1982). Por esse método, as exposições dérmicas potenciais e reais são avaliadas diretamente em vestimentas de quantificação da exposição usadas pelo funcionário em condições normais de trabalho durante determinado período de avaliação (Figuras 2A e B).

As vestimentas de quantificação da exposição são: macacões de brim branco com mangas compridas e capuz, para quantificar as exposições dérmicas da cabeça e pescoço, tronco (atrás e frente), braços e pernas (atrás e frente); luvas de algodão, para quantificar a exposição dérmica das mãos. As exposições dérmicas da face e dos pés são avaliadas com absorventes higiênicos femininos da marca Carefree® afixados sobre máscaras descartáveis semifaciais e sobre botas de borracha, ou botinas de couro hidrofugado, para quantificar as exposições dos pés (MACHADO NETO e MATUO, 1985; MACHADO NETO, 1997).

A exposição respiratória é avaliada por meio de bombas pessoais de fluxo de ar contínuo (Figura 3) com filtros de coleta específicos para partículas, gases e vapores dentro de cassetes, ou porta-filtros (SALIBA, 2005), posicionados na região de respiração do trabalhador.

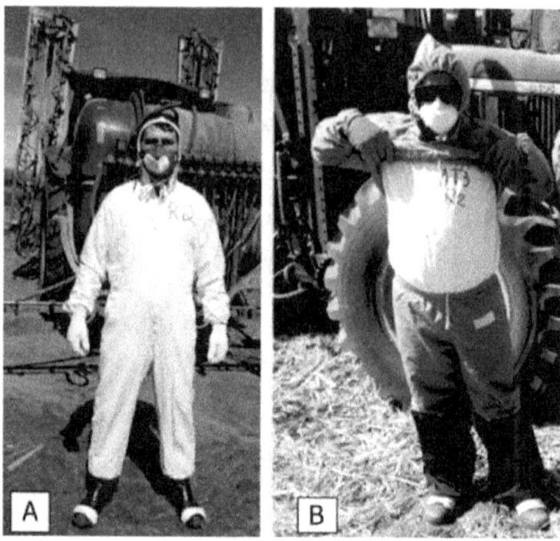

Figura 2 Trabalhadores em atividade de aplicação de agrotóxicos no campo: em avaliação da exposição dérmica potencial (A) – quantificada nas vestimentas de quantificação da exposição usadas sobre o conjunto de EPI, sem nenhuma proteção, e em exposição dérmica real (B) – quantificada nas vestimentas de quantificação da exposição usadas sob o conjunto de EPI, durante o período de avaliação (VBC 82.1) (WHO, 1982). *Fonte:* Autor.

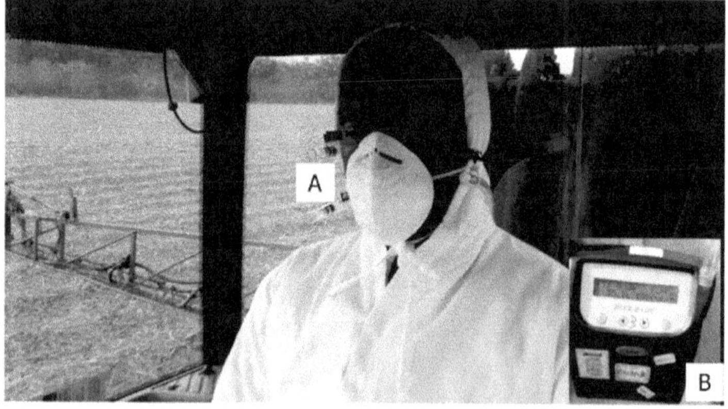

Figura 3 Avaliação da exposição respiratória com filtros de resina XAD 2 em tubos de vidro OVS (A) na região da respiração do operador, acoplado a bomba pessoal com fluxo de ar contínuo (B), na cabina do pulverizador automotriz em aplicações de herbicidas em cultura de cana-de-açúcar. *Fonte:* Autor.

Controle dos Riscos de Intoxicação

A gestão de segurança, saúde e meio ambiente de trabalho rural é regulamentada por uma legislação trabalhista específica para os agrotóxicos, a NR 31:2013 (BRASIL, 2015a). Para a implementação das medidas de segurança, a NR 31:2013 determina a seguinte ordem de prioridade: eliminar os riscos, por substituição ou adequação dos processos produtivos, máquinas e equipamentos; e adotar medidas de proteção coletiva, para controle dos riscos na fonte, e de proteção pessoal.

A implementação de medidas de segurança deve se basear na avaliação do risco e no critério de aceitabilidade. O critério de aceitabilidade de risco de intoxicação com os agrotóxicos baseia-se na toxicidade e na exposição proporcionada ao trabalhador pelas condições de trabalho. Pelo critério de aceitabilidade de risco, as condições de trabalho podem ser classificadas em seguras ou inseguras. Classificar as condições de trabalho pela segurança dos trabalhadores é fundamental para determinar a necessidade e a seleção de medidas de segurança mais adequadas e suficientes para reduzir os riscos de intoxicações a níveis aceitáveis.

Critério de aceitabilidade do risco de intoxicação com agrotóxicos

O critério de aceitabilidade do risco de intoxicação com agrotóxicos baseia-se no nível de efeito não observável (NOEL), expresso em mg/dia/kg de peso corpóreo. O NOEL (do inglês *No Observed Effect Level*) é determinado em testes de avaliação de toxicidade crônica dos agrotóxicos para ratos em condições de laboratório. Os estudos são realizados com procedimentos padronizados, estabelecidos em norma de uso internacional.

O critério de aceitabilidade de risco de intoxicação com agrotóxicos pode ser quantificado por meio do cálculo da margem de segurança (MS) proposta por Severn (1984) e adaptada por Machado Neto (1997). A MS é determinada pela divisão da dose segura (calculada pela multiplicação do valor do NOEL pelo peso corpóreo do trabalhador) pela quantidade absorvível da exposição (QAE) nas vias dérmica e respiratória, proporcionadas ao trabalhador pelas condições de trabalho.

$$MS = \frac{NOEL \times P}{QAE \times FS}$$

em que: NOEL, em toxicologia, é um número que indica a quantidade de droga que um ser humano poderia consumir sem adoecer. A notação matemática deste valor é dada em mg/kg/dia;

P: peso corpóreo médio do trabalhador, normalmente considerado como 70 kg, mas pode-se usar o peso corpóreo de cada trabalhador exposto;

QAE: quantidade absorvível da exposição (mg/dia); e

FS = fator de segurança.

A QAE na via dérmica é determinada para cada molécula em estudos de exposição dérmica com animais de laboratório, ou em tecido de pele humana cultivada em laboratório. Para moléculas em que a absorção dérmica ainda não foi determinada, considera-se como 10% da exposição dérmica avaliada em cada condição de trabalho, segundo Feldmann e Maibach (1974), citados por Byers et al. (1992).

A QAE na via respiratória pode ser considerada como 100% da exposição respiratória avaliada em cada condição de trabalho (MACHADO-NETO, 1997).

O FS que multiplica a QAE é utilizado para compensar a extrapolação dos resultados do NOEL obtidos em animal de laboratório para o homem (BROUWER et al., 1990). O fator de segurança utilizado pode ser 10 (BROUWER et al., 1990), para compensar a extrapolação interespecífica, ou 100 (10 x 10), cujo segundo fator 10 é para compensar a extrapolação intraespecífica.

Os valores da MS são calculados para as atividades e tempos de exposição diária de acordo com as condições de trabalho. Para as formulações com dois ou mais ingredientes ativos, a classificação da segurança do produto comercial baseia-se no menor valor de MS calculado entre os ingredientes ativos.

O critério de aceitabilidade de risco depende da toxicidade do agrotóxico, e a intensidade do risco depende diretamente da intensidade da exposição do trabalhador aos compostos tóxicos.

Para as condições de trabalho classificadas como seguras (MS $\geq$ 1), as exposições são classificadas como toleráveis e os riscos de intoxicação como aceitáveis. Para as classificadas como inseguras (MS < 1), as exposições são classificadas como intoleráveis e os riscos de intoxicação como inaceitáveis.

Nível de ação de controle do risco de intoxicação com os agrotóxicos

O nível de ação, segundo a NR 9:2014 (BRASIL, 2015c), é um valor acima do qual devem ser iniciadas ações preventivas, de forma a minimizar a probabilidade de que as exposições a agentes ambientais ultrapassem os limites de exposição.

No caso dos agrotóxicos, o nível de ação para implementar as medidas de controle do risco é quando a condição de trabalho se classifica como insegura (MS < 1). Para as condições inseguras, a intensidade do uso de medidas de prevenção e de proteção deve ser suficiente para tornar as condições de trabalho seguras (MS ≥ 1). Para que as condições de trabalho inseguras se tornem seguras, as medidas de segurança preventiva e de proteção controlarão a toxicidade e/ou a exposição.

Medidas de Segurança no Trabalho com Agrotóxicos

O controle do risco de intoxicação com medidas de segurança é uma etapa fundamental no plano de gestão da saúde e segurança no trabalho com agrotóxicos. Pela legislação trabalhista específica para os agrotóxicos, a NR 31:2013 (BRASIL, 2015a), cabe ao empregador rural ou equiparado realizar avaliações dos riscos para a segurança e saúde dos trabalhadores. Com base nos resultados, o empregador deve adotar medidas de prevenção e proteção para garantir que todas as atividades, locais de trabalho, máquinas, equipamentos, ferramentas e processos produtivos sejam seguros e em conformidade com as normas de segurança e saúde. Está determinada também a prioridade de emprego de medidas de prevenção de acidentes e doenças do trabalho, em relação às de proteção.

Medidas de Segurança Preventiva

As medidas de segurança preventiva podem ser aplicadas na fase inicial do planejamento das atividades agrícolas, nas etapas de antecipação, identificação e reconhecimento dos riscos. As medidas de segurança preventivas atuam nos fatores de riscos e são agrupadas em medidas que eliminam ou reduzem os riscos de intoxicação. As medidas preventivas visam garantir um ambiente de trabalho seguro, trabalhadores capacitados, motivados e em condições normais de saúde.

A maioria das medidas de segurança determinadas na legislação específica para o trabalho com os agrotóxicos, a NR 31:2013, é preventiva (BRASIL, 2015a). Dentre as medidas de segurança preventivas se destacam as administrativas, determinadas na legislação sobre segurança e saúde no trabalho. As medidas preventivas administrativas são normas e procedimentos adequados às condições específicas de trabalho.

No planejamento do uso dos agrotóxicos nas atividades agrícolas, as medidas de prevenção atuarão nos fatores de risco, para a redução da toxicidade do agrotóxico e/ou da exposição proporcionada aos trabalhadores pelas condições de trabalho.

Administrativas: legislação, normas e procedimentos de trabalho

As medidas de segurança administrativas são implementadas pelas empresas para atender à legislação trabalhista específica e às normas locais, para evitar acidentes de trabalho. As medidas administrativas de segurança preventiva já são aplicadas obrigatoriamente desde a fase de registro dos agrotóxicos e antes da legislação trabalhista. Para a comercialização legal dos agrotóxicos no país, a legislação sobre o registro de agrotóxicos é o Decreto-lei nº 4074:2002 (BRASIL, 2015b).

De acordo com esse Decreto, os agrotóxicos só poderão ser produzidos, manipulados, importados, exportados, comercializados e utilizados no território nacional se forem registrados no órgão federal competente e atendidas as diretrizes e exigências dos órgãos federais responsáveis pelos setores de agricultura, saúde e meio ambiente.

O Ministério da Agricultura, Pecuária e Abastecimento (MAPA) é o único órgão federal competente para registrar os agrotóxicos. O Ministério da Saúde (MS) é o órgão responsável por avaliar e classificar os agrotóxicos pela toxicidade aguda; realizar avaliação toxicológica preliminar dos agrotóxicos, produtos técnicos, pré-misturas e afins, destinados à pesquisa e à experimentação; e estabelecer intervalo de reentrada em ambiente tratado, dentre outras informações.

Na legislação sobre registro dos agrotóxicos, a principal medida administrativa preventiva é a proibição do registro de compostos químicos que comprovadamente causam determinados danos nos animais-testes ou que tenham determinadas características específicas.

Pelo Decreto-lei nº 4074:2002 (BRASIL, 2015), é proibido o registro de agrotóxicos com as seguintes características:

Para os quais no Brasil não se disponha de métodos para desativação de seus componentes, não haja antídoto ou tratamento eficaz no país.

Os compostos teratogênicos e carcinogênicos, que apresentem evidências suficientes nesse sentido, a partir de observações na espécie humana ou de estudos em animais de experimentação. Os compostos mutagênicos, capazes de induzir mutações observadas em, no mínimo, dois testes, um deles para detectar mutações gênicas, realizado, inclusive, com uso de ativação metabólica, e outro para detectar mutações cromossômicas.

Os compostos que provoquem distúrbios hormonais, danos ao aparelho reprodutor. Os que se revelem mais perigosos para o homem do que os testes de laboratório, com animais, tenham podido demonstrar, segundo critérios técnicos e científicos atualizados. E os compostos que causem danos ao meio ambiente.

Os testes, as provas e os estudos sobre mutagênese, carcinogênese e teratogênese, realizados no mínimo em duas espécies animais, devem ser efetuados com a aplicação de critérios aceitos por instituições técnico-científicas nacionais ou internacionais reconhecidas.

Pela legislação sobre o trabalho com os agrotóxicos (NR 31:2013; BRASIL, 2015a), é obrigatória a elaboração de um plano de gestão de segurança, saúde e meio ambiente de trabalho rural. O plano de gestão, obrigatoriamente, inclui ações de prevenção da saúde dos trabalhadores (exames médicos) e outras ações para necessidades específicas, como o SESTR (Serviço Especializado em Segurança e Saúde no Trabalho Rural) e a CIPATR (Comissão Interna de Prevenção de Acidentes do Trabalho Rural).

De acordo com os riscos existentes nos locais de trabalho, o programa de gestão de riscos ainda deve comtemplar o PCA (Programa de Conservação Auditiva), o PP (Programa de Proteção Respiratória), o PDO (Programa de Dermatoses Ocupacionais) e o PAE (Programa de Ação Ergonômica) (CAMPOS, 1999).

Como norma interna e específica, cada empresa deve ter escrito o Procedimento Operacional (PO) para cada atividade, ou grupo homogêneo de trabalho (GHT), ou as Instruções de Operação (IO), baseadas nos manuais das máquinas e equipamentos de aplicação de agrotóxicos (NR 31), das atividades específicas com os agrotóxicos, e a Ordem de Serviço (OS), de acordo com a NR 1:2009 (BRASIL, 2015d), para cada PO.

As empresas ainda devem ter outras normas internas para regulamentar as condições de saúde e segurança dos trabalhadores, como medidas de higiene, limpeza e manutenção de máquinas e equipamentos.

Pela NR 31:2013 (BRASIL, 215a), a segurança preventiva ainda contempla a capacitação dos trabalhadores sobre prevenção de acidentes com os agrotóxicos, medidas ergonômicas, de segurança de máquinas e equipamentos, acessos aos locais de trabalho e vias de circulação, transporte de trabalhadores e de cargas, áreas de vivência (para refeições no campo e instalações sanitárias), e as medidas de proteção coletiva e pessoal.

Medidas de higiene, limpeza, manutenção e segurança do ambiente

As medidas de higiene do trabalho consistem em ações e procedimentos para evitar, ou reduzir ao mínimo, a contaminação do ambiente e dos trabalhadores com os agrotóxicos. Essas ações devem ser aplicadas em todas as etapas do procedimento de trabalho.

As medidas de higiene e limpeza são aplicadas em todos os elementos componentes do ambiente de trabalho: máquinas, equipamentos de aplicação de agrotóxicos, manuseio dos agrotóxicos, materiais diversos e vestimentas.

A higiene do trabalho aplicada aos trabalhadores deve resultar em hábitos de higiene (de forma similar aos hábitos de higiene pessoal) para reduzir as exposições e evitar a contaminação de materiais, equipamentos e objetos de trabalho com os agrotóxicos.

Os trabalhadores devem ser instruídos a realizar a limpeza imediata após a ocorrência das contaminações, para manter todos os componentes higienizados e limpos. Algumas ações devem ser realizadas antes e outras após o trabalho com os agrotóxicos. Por exemplo, fazer a descontaminação das luvas imediatamente após o manuseio e a contaminação com agrotóxicos. Essa medida de segurança administrativa preventiva deve ser realizada sempre que ocorrer o manuseio e/ou a contaminação das luvas durante a jornada de trabalho. O procedimento deve ser realizado duas, três ou quantas vezes forem necessárias por dia.

A segurança preventiva da saúde e do ambiente após o uso dos agrotóxicos está presente também na legislação brasileira sobre o registro de agrotóxicos e na trabalhista. Na legislação de registro de agrotóxicos, o Decreto-lei nº 4074:2002 (BRASIL, 2015b), como medida preventiva de segurança, determina que na receita agronômica haja o diagnóstico do problema fitossanitário e a recomendação para que o usuário leia atentamente o rótulo e a bula dos agrotóxicos. A bula deve ser apensada nas embalagens unitárias e conter todas as informações contidas no rótulo e indicações de uso, intoxicações, sinais e sintomas, tratamento de intoxicações, etc.

Pela legislação trabalhista, todos os trabalhadores devem ter informações sobre o uso dos agrotóxicos: área tratada; descrição das características gerais da área e da localização; tipo de aplicação, incluindo o equipamento utilizado; nome comercial do agrotóxico; classificação toxicológica; data e hora da aplicação; intervalo de reentrada; medidas de proteção necessárias aos trabalhadores em exposição direta e indireta; e as medidas a serem adotadas em caso de intoxicação. A conservação, manutenção, limpeza e utilização dos equipamentos só poderão ser realizadas por pessoas previamente treinadas e protegidas. A limpeza dos equipamentos será executada de forma a não contaminar poços, rios, córregos e quaisquer outras coleções de água (NR 31:2013) (BRASIL, 2015a).

No caso específico do uso de EPI descartáveis, não há a necessidade das operações de limpeza e manutenção. Não obstante essas vantagens, há pelo menos duas grandes desvantagens dos EPI descartáveis: elevação do custo e da quantidade de material para descarte.

Embalagens dos agrotóxicos

Pela legislação de registro, o Decreto-lei nº 4074:2002 (BRASIL, 2015b), as embalagens dos agrotóxicos devem ser projetadas e fabricadas de forma a impedir qualquer vazamento, evaporação, perda ou alteração de seu conteúdo e facilitar as operações de lavagem, classificação, reutilização, reciclagem e destinação final adequada. As embalagens devem ser imunes à ação do conteúdo ou insuscetíveis de formar combinações nocivas ou perigosas. As embalagens devem ser resistentes em todas as partes e satisfazer adequadamente as exigências de conservação.

As embalagens devem ser providas de lacre ou outro dispositivo externo, que assegure a verificação visual da inviolabilidade da embalagem. O número máximo de unidades das embalagens rígidas que podem ser empilhadas deve ser informado na própria embalagem ou na embalagem externa.

As embalagens rígidas, que contiverem formulações miscíveis ou dispersíveis em água, deverão ser submetidas à operação de tríplice lavagem, ou tecnologia equivalente, conforme orientação constante de seus rótulos, bulas ou folheto complementar.

Os usuários deverão efetuar a devolução das embalagens vazias dos agrotóxicos miscíveis em água, e respectivas tampas (tríplices lavadas), aos estabelecimentos comerciais em que foram adquiridos no prazo de até um ano, contado da data da compra.

Os usuários deverão manter à disposição dos órgãos fiscalizadores os comprovantes de devolução de embalagens vazias, fornecidos pelos estabelecimentos comerciais, postos de recebimento ou centros de recolhimento, pelo prazo de, no mínimo, um ano após a devolução da embalagem.

No caso de embalagens contendo produtos impróprios para utilização, ou em desuso, ou produtos em que o rótulo estiver danificado, o usuário observará as orientações contidas nas respectivas bulas dos agrotóxicos. Cabe às empresas titulares do registro, produtoras e comercializadoras promover o recolhimento e a destinação dos produtos.

Rótulos e bulas dos agrotóxicos

A legislação de registro de agrotóxicos, o Decreto-lei nº 4074:2002 (BRA-SIL, 2015b), obriga a sinalização do perigo dos agrotóxicos no rótulo e na bula. Os rótulos dos agrotóxicos devem conter na parte inferior, com altura equivalente a 15% da altura da impressão da embalagem, faixa colorida niti-damente separada do restante do rótulo.

As cores das faixas corresponderão às diferentes classes toxicológicas estabelecidas pelo Ministério da Saúde, na Portaria nº 3:1992 (BRASIL, 2015e), do Ministério da Saúde. A obrigatoriedade das cores das faixas na parte infe-rior dos rótulos e nas bulas dos agrotóxicos é classificada como medida de segurança preventiva por sinalização do perigo.

Para os agrotóxicos classificados em:

♦ Classe I – produtos extremamente tóxicos, a cor da faixa é vermelha.

♦ Classe II – produtos altamente tóxicos, faixa amarela.

♦ Classe III – produtos medianamente tóxicos, faixa azul.

♦ Classe IV – produtos pouco tóxicos, faixa verde.

No painel frontal do rótulo, na faixa colorida, deve ser incluído um cír-culo branco com diâmetro igual à altura da faixa, contendo uma caveira e duas tíbias cruzadas na cor preta com fundo branco, com a legenda: CUIDADO VENENO. Ao longo da faixa colorida, deverão constar os pictogramas específi-cos, internacionalmente aceitos, dispostos do centro para a extremidade, devendo ocupar cinquenta por cento da altura da faixa (Figura 4).

A coluna central do rótulo deverá conter a data de fabricação e de ven-cimento, indicações se a formulação é explosiva, inflamável, comburente, corrosiva, irritante ou sujeita à venda aplicada. Deve conter ainda as expres-sões: "É obrigatório o uso de equipamentos de proteção individual. Proteja-se." e "É obrigatória a devolução da embalagem vazia". As últimas linhas deve conter a classe da classificação toxicológica e a classe da classificação do potencial de periculosidade ambiental.

Em complementação às medidas de segurança preventivas estabelecidas na legislação sobre registro de agrotóxicos, a trabalhista, a NR 31:2013 (BRA-SIL, 2015a), proíbe a manipulação de quaisquer agrotóxicos não registrados e não autorizados pelos órgãos governamentais competentes. Pela NR 31, é proibida a manipulação por menores de dezoito anos, maiores de sessenta anos e por gestantes e a manipulação de quaisquer agrotóxicos nos ambien-tes de trabalho em desacordo com a receita e as indicações do rótulo e bula.

Figura 4   Faixas coloridas para a sinalização do perigo dos agrotóxicos, obrigatórias na parte inferior no rótulo, e os pictogramas sobre o uso dos EPI recomendados na abertura da embalagem e preparo de caldas, na aplicação e segurança ambiental.

Pela NR 31, são proibidos o trabalho em áreas recém-tratadas antes do término do intervalo de reentrada estabelecido no rótulo, salvo com o uso de equipamento de proteção recomendado, e a entrada e permanência de qualquer pessoa na área a ser tratada durante a pulverização aérea.

Na bula dos agrotóxicos ainda devem constar os dados relativos à proteção da saúde humana, que são os seguintes: mecanismos de ação, absorção e excreção para animais de laboratório ou, quando disponíveis, para o ser humano; sintomas de alarme; efeitos agudos e crônicos para animais de laboratório ou, quando disponíveis, para o ser humano; e efeitos adversos conhecidos. A descrição dos sintomas de intoxicação, que somente a pessoa exposta sente ou percebe, e os sinais de intoxicação, que são percebidos por outrem, são conhecimentos fundamentais que os trabalhadores expostos devem ter.

Assim que o trabalhador começar a sentir algum dos sintomas descritos na bula do agrotóxico em uso, deve parar o trabalho imediatamente, para cessar a exposição, e receber as medidas de primeiros socorros.

Esses conhecimentos devem ser transmitidos aos trabalhadores por meio de cursos de capacitação e treinamentos e, principalmente, na atividade denominada de dialogo diário de segurança (DDS). Sugere-se que seja realizado o estudo da bula dos agrotóxicos em uso.

Seleção de recursos humanos para trabalhar em atividade de risco de intoxicação

O processo de seleção de pessoas é fundamental para evitar a ocorrência de acidentes de trabalho. Para trabalhar com atividades de risco, os trabalhadores devem ter o perfil físico e psicológico adequados às condições de trabalho.

Todo trabalhador, por conta do desenvolvimento físico e psíquico ao longo dos anos e do conhecimento do ambiente de trabalho em que convive, adquire características pessoais que formam a personalidade. Essas características podem ser fortes e marcantes, positivas ou negativas, qualidades ou defeitos, tais como responsabilidade ou irresponsabilidade, flexibilidade ou teimosia, paciência ou irritabilidade, etc. (BORSANO et al., 2014b).

A personalidade do trabalhador é levada para o ambiente de trabalho e pode dar margem a atos inseguros ou à criação de condições inseguras de trabalho. Em virtude de características negativas, o trabalhador pode praticar atos inseguros, como ignorar as regras de segurança ou cometer falhas na execução das atividades, o que pode resultar em acidente de trabalho.

Os atos inseguros são a forma, consciente ou inconsciente, como as pessoas se expõem aos riscos de acidentes. Por exemplo: utilizar máquinas sem habilitação ou permissão, não utilizar os EPI necessários, etc. (BORSANO, et al., 2014b).

Portanto, o processo de seleção deve levar em conta o perfil físico e psicológico necessário ao trabalhador para atuar nas atividades de risco. Desta forma, consegue-se prevenir e evitar a ocorrência de acidentes de trabalho. Uma vez selecionado adequadamente, o trabalhador deve receber capacitação e treinamentos para realizar as atividades de risco.

Capacitação dos trabalhadores

O homem, mesmo com capacitação técnica, ainda pode falhar por descuido, desatenção, arrogância, persistência na falta de conhecimento técnico, fatores mecânicos e emocionais (BORSANO et al., 2014b). O trabalhador deve receber conhecimentos detalhados sobre o armazenamento e o transporte corretos dos agrotóxicos e das condições de uso de cada agrotóxico. Essas informações estão descritas no rótulo e nas bulas dos agrotóxicos.

O trabalhador também deve ter orientação e conhecimentos corretos sobre o programa de manutenção de equipamentos, tanto para aplicadores de bomba costal como para os equipamentos de aplicação mecanizados. Os trabalhadores devem ser capacitados a observar a maneira de aplicação que traga o menor contato com o agrotóxico. Por outro lado, o empregador deve criar condições de mecanizar e automatizar as operações para o menor contato do trabalhador com o agrotóxico e selecionar os produtos menos tóxicos.

A capacitação sobre o manuseio e a aplicação dos agrotóxicos em condições de campo é fundamental para reduzir riscos e evitar intoxicações. A legislação trabalhista, NR 31:2013 (BRASIL, 2015a), determina que as máquinas e implementos devem ser utilizados segundo as especificações técnicas do fabricante, dentro dos limites operacionais e restrições indicados. Portanto, devem ser operados por trabalhadores capacitados, qualificados ou habilitados para tais funções.

A NR 31:2013 (BRASIL, 2015a) também determina que o empregador rural, ou equiparado, deve proporcionar capacitação sobre prevenção de acidentes com agrotóxicos a todos os trabalhadores diretamente expostos. A capacitação prevista na NR 31 deve ser proporcionada aos trabalhadores em exposição direta mediante programa, com carga horária mínima de vinte horas, distribuídas em no máximo oito horas diárias, durante o expediente normal de trabalho.

O conteúdo dessa capacitação deve contemplar conhecimentos sobre as formas de exposição direta e indireta aos agrotóxicos; conhecimento de sinais e sintomas de intoxicação e medidas de primeiros socorros; rotulagem e sinalização de segurança; medidas de higiene durante e após o trabalho; uso de vestimentas e equipamentos de proteção pessoal; limpeza e manutenção das roupas, vestimentas e equipamentos de proteção pessoal.

A NR 31:2013 (BRASIL, 2015a) também determina que o empregador rural deve disponibilizar a todos os trabalhadores informações sobre o uso de agrotóxicos no estabelecimento, como área tratada, descrição das características gerais da área, da localização e do tipo de aplicação a ser feita, incluindo o equipamento a ser utilizado; nome comercial do produto utilizado; classificação toxicológica; data e hora da aplicação; intervalo de reentrada; intervalo de segurança/período de carência; medidas de proteção necessárias aos trabalhadores em exposição direta e indireta; medidas a serem adotadas em caso de intoxicação.

Medidas médicas

A legislação trabalhista, NR 31:2013 (BRASIL, 2015a), determina que o empregador rural deve implementar ações de preservação da saúde ocupacional dos trabalhadores, prevenção e controle dos agravos decorrentes do trabalho. As ações devem ser planejadas e implementadas com base na identificação dos riscos e custeadas pelo empregador rural.

O empregador rural ou equiparado deve garantir a realização de exames médicos e obedecer aos prazos e periodicidade previstos, como o exame médico admissional (antes que o trabalhador assuma suas atividades), o exame médico periódico (realizado anualmente) e o exame médico de retorno ao trabalho (realizado no primeiro dia do retorno à atividade do trabalhador ausente por período superior a trinta dias em virtude de qualquer doença ou acidente).

Há ainda o exame médico de mudança de função, desde que haja exposição do trabalhador a risco específico diferente daquele a que estava exposto, e exame médico demissional, realizado até a data da homologação do contrato de trabalho. Os exames médicos compreendem a avaliação clínica e exames complementares, quando necessários e em função dos riscos.

Para cada exame médico deve ser emitido um Atestado de Saúde Ocupacional (ASO), em duas vias, com no mínimo: nome completo do trabalhador, número de sua identidade e sua função; riscos ocupacionais a que está exposto; indicação dos procedimentos médicos a que foi submetido e a data em que foram realizados; definição de apto ou inapto para a função específica que o trabalhador exercerá, exerce ou exerceu; e data, nome, número de inscrição no Conselho Regional de Medicina e assinatura do médico que realizou o exame. A primeira via do ASO deverá ficar arquivada no estabelecimento, à disposição da fiscalização, e a segunda será obrigatoriamente entregue ao trabalhador, mediante recibo na primeira via.

Outras ações de saúde no trabalho devem ser planejadas e executadas de acordo com as necessidades e peculiaridades. Todo estabelecimento rural deverá estar equipado com material necessário à prestação de primeiros socorros, de acordo com as características da atividade desenvolvida.

O empregador deve garantir remoção do acidentado em caso de urgência, sem ônus para o trabalhador. O empregador deve ainda possibilitar o acesso dos trabalhadores aos órgãos de saúde, com fins de prevenção e profilaxia de doenças endêmicas, e a aplicação de vacina antitetânica.

Medidas psicológicas

O trabalhador, ao interagir no ambiente de trabalho como um todo (espaço físico ou abstrato), sofre influencia positiva ou negativa e sofre alterações em seu estado físico, psíquico e social. Além disso, é natural que o trabalhador leve problemas pessoais para o ambiente de trabalho (BORSANO et al., 2014a).

Não há como fingir que está tudo bem quando, na verdade, passa por problemas particulares. Apenas a pessoa é capaz de dosar, saber realmente o valor da angústia pela perda de um ente querido, da desilusão de um amor traiçoeiro, etc. Esses fatores são, na maioria das vezes, os grandes responsáveis pelo aumento no índice de atrasos e faltas no trabalho, de doenças e acidentes de trabalho (BORSANO et al., 2014a).

Nas atividades de trabalho existe o fator pessoal de insegurança quando o trabalhador executa suas funções com má vontade, condições físicas anormais (doenças, deficiência física, psíquica), sem nenhuma experiência, conhecimento e treinamento, etc. Por conta dos fatores pessoais de insegurança, o trabalhador, por atos voluntários ou involuntários, por negligência, imprudência ou imperícia, provoca o desencadeamento de acidentes e doenças do trabalho (BORSANO et al., 2014a).

Para controlar os efeitos do fator humano no risco de intoxicação com os agrotóxicos, as empresas devem implementar ações de valorização dos trabalhadores ao possibilitar o desenvolvimento profissional e pessoal. Essa ação proporcionará a elevação da autoestima, a melhoria do desempenho e maior comprometimento e tornará o ambiente de trabalho mais agradável. Outras ações, como dinâmicas entre funcionários, campanhas com prêmios e abertura para ouvir sugestões, são atitudes positivas dos empregadores.

O ambiente de trabalho deve ser um local harmonioso e receptivo, para que todos possam desenvolver as atividades com satisfação e entusiasmo. As normas e regras estabelecidas pela empresa também são importantes para promover boa comunicação. As principais regras de comportamento desejável são: respeite e chame as pessoas pelo nome, seja gentil, participe com ânimo das atividades que lhe são delegadas, coloque-se à disposição para ajudar, não julgue as pessoas e desempenhe as atividades da forma mais eficiente possível. O diálogo sempre é importante para não gerar conflitos e disseminar o respeito às diferenças pessoais. Deve-se evitar intrigas e comentários pejorativos ou conversas paralelas.

As empresas buscam profissionais que saibam trabalhar em grupo, tenham proatividade e vocação para liderança. Uma empresa brasileira cita em seu website: *Para todas as oportunidades, a Eldorado Brasil busca profissionais com boa comunicação e relacionamento interpessoal e atitude de 'dono'* (ELDORADOBRASIL, 2015).

Medidas de Proteção

Após o atendimento às legislações trabalhistas, sobre registro de agrotóxicos e a implementação das medidas preventivas, se ainda permanecerem condições de trabalho inseguras (MS < 1), as medidas de proteção devem ser implementadas e em intensidade suficiente para que tornem seguras (MS $\geq$ 1).

As medidas de proteção isolam ou neutralizam os riscos e são agrupadas em medidas de segurança coletiva e individual. As medidas de segurança coletiva atuam no controle do risco na fonte (onde o risco é gerado) e no percurso (propagação ou trajetória); já as individuais agem diretamente sobre as vias de exposição no corpo do trabalhador (receptor).

As condições de trabalho inseguras são resultado de defeitos, falhas, irregularidades técnicas e falta de dispositivos de segurança. Assim, expõem a integridade física e/ou a saúde dos trabalhadores e a segurança de instalações e equipamentos. Por exemplo, falta de proteção adequada em máquinas e equipamentos (BORSANO et al., 2014a).

Para as condições de trabalho classificadas como inseguras (MS < 1), a necessidade de controle da exposição (NCE) pode ser calculada com a fórmula proposta por Machado-Neto (1997):

$$NCE = (1 - MS_{<1}) \times 100 \ (\%)$$

Na NR 31:2013 (BRASIL, 2015a) está determinado que o empregador deve adotar as medidas de proteção coletiva para o controle dos riscos na fonte, seguidas de medidas de proteção pessoal, sem ônus para o trabalhador, de forma a complementar ou caso ainda persistam temporariamente fatores de risco.

Proteção coletiva

As medidas de proteção coletiva reduzem, isolam ou sinalizam os riscos. Reduzem o risco por meio do controle da toxicidade, ou seja, pela substituição do produto mais tóxico pelo menos tóxico. As medidas que isolam os riscos geralmente são aplicadas nos equipamentos, no processo – ou procedimentos de trabalho – ou no ambiente em que o trabalhador está inserido. Portanto, as medidas de proteção coletiva podem atuar na toxicidade e/ou na exposição, como se pode observar a seguir.

Controle da toxicidade dos herbicidas

O controle pela toxicidade é realizado com a substituição do agrotóxico por outro menos tóxico, com maior valor de NOEL, desde que sejam manuseados nas mesmas condições de trabalho ou grupo homogêneo de trabalho (GHT). Na Tabela 2 pode-se observar que, quanto maior o valor do NOEL, maior será a dose segura (DS = NOEL x peso corpóreo) e maior o valor da MS.

Tabela 2 Formulações comerciais de herbicidas, ingredientes ativos, concentrações dos ingredientes ativos nas formulações, valores de NOEL (TGA, 2012) e titulares dos registros no Brasil.

Herbicidas Nome comum	g i.a./L	NOEL mg/kg/dia
Ametrina	500,0	2,0
Cafentrazona-etílica	400,0	3,0
Clomazona	800,0	14,0
Glifosato	480,0	30,0
Metoloacloro	960,0	7,5
Sulfentrazona	500,0	12,0
Tebutiurom	500,0	7,0
2,4D	806,0	1,0
Mesotriona	480,0	1,8

Controle da exposição dos trabalhadores aos herbicidas

As medidas de proteção coletiva que controlam a exposição são aplicadas nos componentes do ambiente de trabalho. A primeira pode ser a automatização de operações geradoras de contaminação do trabalhador, mas poucas vezes são possíveis de ser aplicadas. Entretanto, nas diversas atividades relacionadas com o uso dos agrotóxicos têm-se condições e estruturas de segurança que eliminam ou reduzem significativamente a exposição dos trabalhadores. As estruturas de segurança são anteparos posicionados na trajetória entre a fonte de emissão do produto tóxico e o corpo do trabalhador exposto. Por exemplo, as proteções das barras de pulverizadores e as cabinas dos tratores.

Ainda existem equipamentos de proteção coletiva complementar. Por exemplo, estruturas de guarda-corpo de proteção contra queda, corrimão de escadas, pontos com manípulos para subir em estruturas, chuveiro de emergência, lava olhos, caixas de descarte de material perfurocortante, material para primeiros socorros, extintores de incêndio e emblemas educativos de segurança.

Sistema fechado de preparo de calda

Para o armazenamento e transferência de grandes volumes de produtos (por exemplo, para empresas que utilizam grandes volumes de determinados defensivos agrícolas) existe o sistema *Bulk Service* (Figura 5), que consiste em um reservatório com capacidade de 5.000 ou 10.000 L, protegido com bacias ou diques de contenção. Nesse caso, as formulações dos agrotóxicos são transportadas diretamente das fábricas para o tanque do consumidor, de forma similar aos combustíveis, que vão das refinarias para os postos de combustíveis. Destaca-se como uma vantagem desse sistema de abastecimento a não existência de embalagens de agrotóxico para descarte.

O sistema de transferência é composto por um medidor-bomba que permite a retirada de quantidades desejadas de produto. Determina-se o volume desejado no registro de vazão (Figura 5A), aciona-se a bomba e o sistema transfere automaticamente o volume da formulação do agrotóxico do reservatório (Bulk Service) para o tanque de calda, que pode ser fixo, ou para tanques de caminhões que transportam as caldas prontas para os locais de aplicação na área agrícola (Figura 5).

Figura 5 Central de preparo de caldas de uma grande empresa agrícola com os sistemas Bulk Service de Roundup® e Gesapax® acoplados. *Fonte:* Autor.

Nessa central de preparo de calda foram montados dois sistemas Bulk Service: um para o herbicida Roundup® e outro para o herbicida Gesapax®. Observa-se no destaque, em maior tamanho na fotografia da esquerda, o painel de controle do sistema, indicado com a letra A.

Na Figura 5 observam-se também as bacias de contenção compostas pelas muretas em torno dos reservatórios dos herbicidas, como medida de prevenção da contaminação ambiental no caso de derramamento acidental de produtos tóxicos.

Embalagem hidrossolúvel

O uso de embalagem hidrossolúvel também é outro exemplo de sistema de abastecimento seguro. A embalagem hidrossolúvel é composta por resina plástica solúvel em água e vem dentro de uma embalagem externa aluminizada hermeticamente fechada. As embalagens hidrossolúveis podem ser usadas apenas para formulações sólidas como pó molhável ou grânulos dispersíveis em água (Figura 6).

Para preparar a calda, o trabalhador abre a embalagem externa e coloca a embalagem interna, completamente fechada, dentro do tanque do pulverizador previamente abastecido com água (Figura 6). Em contato com a água, a embalagem hidrossolúvel é completamente dissolvida em um a dois minutos, e a calda está pronta para uso.

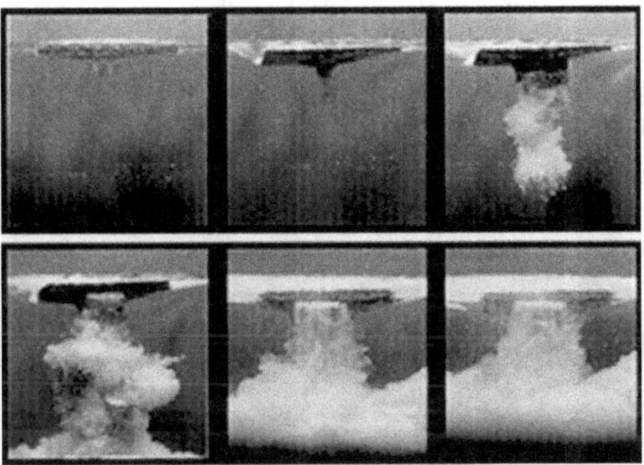

Figura 6   Preparo de calda com embalagem hidrossolúvel depositada diretamente na água do tanque do pulverizador. *Fonte:* Autor.

O agrotóxico vem dosado dentro da embalagem hidrossolúvel, sem a necessidade de abertura e fracionamento do conteúdo. Assim, a embalagem hidrossolúvel dispensa o contato do trabalhador com os agrotóxicos, sendo a condição de trabalho classificada como segura.

Esse tipo de embalagem também elimina o problema de descarte de embalagem contaminada, pois a embalagem externa é classificada como não contaminada, ou limpa.

Sistema fechado de abastecimento de tanques

Nas atividades de preparo de calda e abastecimento de tanques, a exposição das mãos é muito importante, com 76% da exposição dérmica total, ao passo que nas atividades de aplicação é de no máximo 42% (FRANKLIN, 1985). Nessas atividades, as mãos devem ser as primeiras partes do corpo a serem protegidas, pois recebem entre 70 e 90% da exposição dérmica total. Como medidas de segurança coletiva nessa atividade destacam-se os denominados sistemas fechados de abastecimento.

Na Figura 7 observa-se o sistema de válvulas de engate rápido para realizar o abastecimento dos tanques de pulverizadores costais pressurizados (A) e dos tanques de pulverizadores montados em trator (B). No pulverizador costal, a calda é injetada no tanque previamente pressurizado por meio de injeção de ar de um compressor acoplado ao sistema do veículo de abastecimento, composto pelo tanque de calda e o sistema de compressão.

Figura 7 Sistemas fechados de abastecimento com calda pressurizada e válvula de engate rápido no tanque do pulverizador costal pressurizado (A) e do pulverizador montado em trator (B). *Fonte:* Autor.

No pulverizador montado em um trator (Figura 7B), apenas a calda do tanque do veículo de calda pronta é injetada no bocal da válvula de engate rápido afixada na mangueira de abastecimento do tanque do pulverizador. O sistema de engate rápido também é usado para abastecer os tanques dos pulverizadores automotrizes, muito comuns nas áreas com grandes culturas como soja, cana-de-açúcar, milho e algodão.

Cabina de tratores e pulverizadores automotrizes

As cabinas de proteção dos operadores de máquinas são equipamentos de proteção coletiva, cujo uso está se generalizando nas máquinas grandes e automotrizes usadas por empresas agrícolas que cultivam grandes áreas de cana-de-açúcar, soja, milho, algodão, etc.

Os pulverizadores automotrizes são máquinas grandes, cujos tanques têm capacidade para 3 a 5 mil litros de calda e barras com 27 a 30 m de comprimento. As máquinas são equipadas com sistemas eletrônicos com GPS e reguladores/compensadores automáticos de vazão em função da velocidade de deslocamento. Os operadores trabalham dentro de cabinas com condicionador de ar, banco e painéis ergonômicos, escada de acesso à cabina, com manípulos de três pontos para acessar a cabina com segurança, dentre outros itens de conformo e segurança, conforme se observa na Figura 8.

Figura 8   Pulverizador automotriz com cabina de proteção em aplicação de herbicida em cultura de cana-de-açúcar. Fonte: Autor.

Na cultura da cana-de-açúcar, Momesso e Machado Neto (2003) avaliaram que a eficácia da cabina do trator foi de 96,4% na redução da exposição dérmica do tratorista, em relação ao trator sem cabina, conforme se observa na Figura 9. O trator sem cabina tem apenas a capota original de fábrica (Figura 9A). Já o trator com cabina adaptada da marca Real tem um sistema de umidificação do ar (Figura 9B). A cabina do trator reduziu a exposição dérmica do tratorista em 80,3%.

Figura 9 Avaliação das exposições dérmicas potenciais do tratorista em aplicações de herbicidas com pulverizadores de barra montados em trator sem e com cabina. Fonte: Autor.

Barras de pulverização protegidas contra deriva

As principais medidas de proteção coletiva no trabalho com os agrotóxicos, em condições de campo, são as que isolam o agrotóxico (fonte de risco) nas áreas de riscos ou do trabalhador no posto de trabalho. Para isolar a área de risco pode ser utilizada proteção da barra de pulverização adaptada dos pulverizadores de barra tracionados por trator, utilizado para a aplicação de herbicida não seletivo em cultura de eucalipto (Figura 10).

Figura 10 Pulverizador com a barra protegida e adaptada para aplicação de herbicida não seletivo nas entrelinhas de eucalipto. Fonte: Autor.

A barra de pulverização normal desse pulverizador arrastado por trator foi reduzida para 2,5 m de comprimento e protegida com lâminas de plástico resistente na frente, nas laterais e na parte de trás (Figura 10). A barra foi adaptada para aplicar herbicida não seletivo na faixa de 2,5 m de largura sobre as plantas daninhas nas entrelinhas em áreas de plantio, com as plantas de eucalipto jovens, com 1 a 1,5 m de altura (MACHADO-NETO et al., 2000). Essa barra protegida adaptada é conhecida no setor de florestamento como *Barra Conceição*.

A exposição potencial do tratorista, sem proteção individual, com o pulverizador de barra protegida em aplicação na cultura de eucalipto, foi de 838,88 mg/dia do herbicida glyphosate e o valor da MS foi de 8,62 (MACHA-DO-NETO et al., 2000). Portanto, a condição de trabalho do tratorista em aplicação do herbicida glyphosate com o pulverizador de barra protegida em área de eucalipto é classificada como segura, o risco de intoxicação é aceitável e a exposição, tolerável.

Tempo de trabalho seguro (TTS)

Embora inúmeros fatores exerçam influência, a exposição ocupacional aos agrotóxicos está diretamente relacionada com a concentração do ingrediente ativo na água pulverizada e com o tempo de exposição efetiva durante a jornada de trabalho (BONSALL, 1985). Portanto, outra possibilidade para transformar uma condição de trabalho insegura em segura é a limitação do tempo de trabalho ao tempo de trabalho seguro (TTS), que pode ser calculado com a fórmula proposta por Machado Neto (1997):

$$TTS = MS \times tee$$

em que: TTS = tempo de trabalho seguro (h); MS = margem de segurança; e tee = tempo de exposição efetiva (h).

No cálculo do TTS com a fórmula, duas situações podem ocorrer:

1º Se a MS ≥ 1, o TTS será maior que o tempo de exposição considerado e reafirma a segurança das condições de trabalho em estudo. Para as condições seguras, o cálculo do TTS expressa o nível de segurança das mesmas.

2º Se a MS < 1, o TTS será menor que o tempo de exposição de uma jornada de trabalho e seu cálculo possibilita a restrição do tempo de exposição diária ao TTS, utilizando-o como medida de segurança de proteção coletiva.

Na Tabela 3 observam-se os valores médios das exposições dérmicas, MS e TTS para o tratorista, aplicando os herbicidas com o pulverizador de barra montado em trator sem cabina, apenas com capota, no período diurno e com o volume de 300 L de calda/ha, considerada como condição de trabalho convencional por Momesso e Machado Neto (2003).

Tabela 3 Valores médios das exposições dérmicas potenciais (EDP), MS e TTS para o tratorista em aplicações de herbicidas, em formulações comerciais (p.c.), com o pulverizador de barra montado em trator sem cabina e com apenas capota, no período diurno e com o volume de 300 L de calda/ha (MOMESSO e MACHADO NETO, 2003).

Herbicidas			EDP (mg/dia)	MS	TTS (h)
N. comum	N. comercial	% p.c.			
Glifosato	gliphosato	2,4	138,47	14,25	85,48
Dessecan	MSMA	2,0	115,39	3,31	19,85
Velpar K	Diuron +	1,0	56,25	14,14	84,84
	Hexazinone		15,87	40,11	240,65
Gamit CE	clomazone	1,0	60,10	4,55	27,32
Boral SC	sulfentrazone	0,7	42,07	15,13	90,76
Siptran	**atrazine**	2,7	162,27	0,20	1,18
Herbipak	ametryne	2,0	120,20	1,32	7,94
Herburon	diuron	2,0	120,20	6,62	39,71
Provence	isoxafrutole	0,5	47,78	2,66	15,98
Sencor	metribuzin	0,35	20,19	31,51	189,08
Aminol	2,4 D	1,27	123,04	32,33	193,95
Sinerge	ametrine +	2,0	72,12	2,21	13,24
	Clomazone		48,08	5,69	34,15
Krismat	ametrine +	0,67	58,99	2,70	16,18
	trifloxisulfuron		1,49	640,69	3.844,12
Perflan	Tebuthiuron	0,5	138,47	14,25	85,48

A condição de trabalho convencional para o tratorista em aplicação de herbicidas na cultura da cana-de-açúcar foi classificada como segura (MS $\geq$ 1) para todos os herbicidas considerados (Tabela 3), exceto para atrazine, única condição de trabalho classificada como insegura (MS < 1).

Os valores da MS calculados resultaram em TTS proporcionalmente superior ao período considerado de seis horas de jornada diária de trabalho. Para a atividade insegura com o herbicida atrazine, o TTS calculado foi de apenas 1h18 – valor muito baixo. Portanto, a restrição da jornada de trabalho a esse valor de TTS não é uma medida de segurança de proteção coletiva adequada nessa condição de trabalho (Tabela 3).

Proteção individual

As medidas de proteção individual controlam apenas a exposição e são implementadas somente com o uso dos equipamentos de proteção individual (EPI) para complementar a proteção das medidas preventivas e de proteção coletivas nas condições de trabalho ainda classificadas como inseguras (MS < 1).

Os EPI estão definidos tanto na legislação sobre o registro dos agrotóxicos quanto na legislação trabalhista. De acordo com a legislação sobre agrotóxicos, Decreto nº 4.072:2002 (BRASIL, 2015b), EPI é todo vestuário, material ou equipamento destinado a proteger pessoa envolvida na produção, manipulação e uso de agrotóxicos, seus componentes e afins. Pela norma trabalhista, a NR 6:2015 (BRASIL, 2015f), EPI é todo dispositivo ou produto, de uso individual utilizado pelo trabalhador, destinado à proteção de riscos suscetíveis de ameaçar a segurança e a saúde no trabalho.

A legislação trabalhista especifica sobre segurança e saúde no trabalho na agricultura, a NR 31:2013 (BRASIL, 2015a), determina que é obrigatório o fornecimento aos trabalhadores, gratuitamente, de EPIs nas seguintes circunstâncias: sempre que as medidas de proteção coletiva forem tecnicamente comprovadas inviáveis ou quando não oferecerem completa proteção contra os riscos decorrentes do trabalho, enquanto as medidas de proteção coletiva estiverem sendo implantadas e para atender a situações de emergência. Os EPIs devem ser adequados aos riscos e não podem propiciar desconforto térmico prejudicial ao trabalhador, e devem ser mantidos em perfeito estado de conservação e funcionamento. A NR 31:2013 (BRASIL, 2015a) determina ainda que, atendidas as peculiaridades de cada atividade profissional, o empregador deve fornecer aos trabalhadores os EPIs adequados aos riscos proporcionados pelas condições de trabalho.

Na NR 31:2013 (BRASIL, 2015a), está determinado que o empregador é responsável pela descontaminação e higienização dos EPIs ao final de cada jornada de trabalho e por substituí-los quando necessário e também por orientar o empregado quanto ao uso correto dos EPIs e dispositivos de proteção. O empregador deve adquirir os EPIs adequados ao risco de cada atividade; exigir seu uso; fornecer ao trabalhador somente o equipamento aprovado pelo órgão nacional competente em matéria de segurança e saúde no trabalho; guardar, conservar e fazer a manutenção periódica. O empregador deve comunicar ao MTE qualquer irregularidade observada e registrar seu fornecimento ao trabalhador, podendo ser adotados livros, fichas ou sistema eletrônico. Também deve disponibilizar local adequado para a guarda da roupa de uso pessoal; fornecer água, sabão e toalhas para higiene pessoal; garantir que nenhum dispositivo de proteção ou vestimenta contaminada seja levado para fora do ambiente de trabalho, assim como a reutilização antes da devida descontaminação; e vedar o uso de roupas pessoais quando da aplicação de agrotóxicos.

As características, a certificação e a recomendação de uso dos EPIs estão determinadas na NR 6:2015 (BRASIL, 2015f). O EPI, de fabricação nacional ou importado, só poderá ser posto à venda ou utilizado com a indicação do Certificado de Aprovação (CA) expedido pelo órgão nacional competente em matéria de segurança e saúde no trabalho do Ministério do Trabalho e Emprego (MTE). Atualmente, o Departamento de Segurança e Saúde no Trabalho (DNSST), da Coordenação-Geral de Normatização e Programas (CGNOR), da Secretaria de Inspeção do Trabalho (SIT), do MTE, é o órgão regulamentador nacional e que emite o certificado de aprovação (CA) dos EPIs.

A NR 6:2015 (BRASIL, 2015f) determina que compete ao Serviço Especializado em Engenharia de Segurança e em Medicina do Trabalho (SESMT) da empresa recomendar ao empregador o EPI, ouvidos a Comissão Interna de Prevenção de Acidentes (CIPA) e trabalhadores usuários. Nas empresas desobrigadas a constituir SESMT, cabe ao empregador selecionar o EPI adequado ao risco, mediante orientação de profissional tecnicamente habilitado, ouvidos a CIPA ou, na falta desta, o designado e trabalhadores usuários. A NR 6:2015 (BRASIL, 2015f) também determina as responsabilidades do empregador, do empregado e do fabricante, ou importador, quanto aos EPIs.

Quanto aos EPIs, cabe ao empregado: utilizá-lo apenas para a finalidade a que se destina; responsabilizar-se pela guarda e conservação; comunicar ao empregador qualquer alteração que o torne impróprio para uso; e cumprir as determinações do empregador sobre o uso adequado.

O fabricante nacional ou o importador deverá: cadastrar-se junto ao órgão nacional competente em matéria de segurança e saúde no trabalho; solicitar a emissão do CA; solicitar a renovação do CA quando vencido o prazo de validade estipulado pelo órgão nacional competente em matéria de segurança e saúde do trabalho; requerer novo CA quando houver alteração das especificações do equipamento aprovado; responsabilizar-se pela manutenção da qualidade do EPI que deu origem ao CA; comercializar ou colocar à venda somente o EPI portador de CA; comunicar ao órgão nacional competente em matéria de segurança e saúde no trabalho quaisquer alterações dos dados cadastrais fornecidos; comercializar o EPI com instruções técnicas no idioma nacional, orientando sua utilização, manutenção, restrição e demais referências ao seu uso; fazer constar no EPI o número do lote de fabricação; providenciar a avaliação da conformidade do EPI no âmbito do Sinmetro, quando for o caso; e fornecer as informações referentes aos processos de limpeza e higienização de seus EPI, indicando, quando for o caso, o número de higienizações acima do qual é necessário proceder à revisão ou à substituição do equipamento, a fim de garantir que os mesmos mantenham as características de proteção original.

Os EPIs controlam as exposições na superfície do corpo do trabalhador nas vias dérmica e respiratória. A exposição respiratória é controlada por respiradores com filtros para partículas ou partículas e vapores tóxicos, como carvão ativado. A exposição dérmica é controlada com conjuntos de EPIs compostos por peças de vestimentas e acessórios, confeccionados com materiais porosos hidrorrepelentes e/ou impermeáveis.

Equipamento de proteção individual respiratória (EPIR)

O dispositivo de controle da exposição respiratória na entrada do sistema respiratório do usuário (nariz e boca) é denominado, pela norma NBR 13.694 (ABNT, 1996), de equipamento de proteção individual respiratória (EPIR), pela NR 6:2015 (BRASIL, 2015f), de respirador e, popularmente, de máscara.

De acordo com a norma NBR 13.694 (ABNT, 1996), EPR é um dispositivo que visa à proteção do usuário contra a inalação de ar contaminado ou com deficiência de oxigênio. Os EPIRs podem ser de pressão negativa, em que o ar é filtrado pela inalação do usuário, ou de pressão positiva, em que o ar é inflado para dentro do respirador para o usuário inalar. Os respiradores de pressão positiva devem ser usados em condições de trabalho críticas em umidade ou oxigênio do ar, calor ou concentração acima dos limites de tolerância dos contaminantes no ambiente.

O EPIR de pressão negativa é composto por duas partes: a cobertura das vias respiratórias do usuário, que pode ser uma peça facial, capacete, capuz, roupa inflável ou conjunto bucal, e o filtro, que é o dispositivo destinado a reter impurezas específicas contidas no ar.

De acordo com a norma NBR 13.694 (ABNT, 1996), cada EPIR comercializado tem de ser acompanhado de instruções de uso escritas em português, contendo todas as informações necessárias a pessoas qualificadas e treinadas sobre: aplicações e limitações de uso, inspeção prévia, modo de colocação e ajuste de vedação, manutenção e armazenagem e guarda. As instruções devem ser precisas e acompanhadas de ilustrações, se necessário, e devem conter advertências sobre problemas de uso, tal como deficiência de vedação em virtude de características faciais como barba e cicatrizes profundas.

Para o trabalho com os agrotóxicos, a cobertura das vias respiratórias é feita pelas chamadas peças faciais. A peça semifacial cobre a boca e o nariz e se apoia sob o queixo; já a peça um quarto facial cobre a boca e o nariz e se apoia sobre o queixo (NBR 13.694; ABNT, 1996). Observa-se que a diferença entre essas peças é apenas a cobertura ou não do queixo.

Peça facial dos EPIRs

A peça facial é a parte do EPIR composta de uma cobertura das vias respiratórias, tirantes, válvulas, conectores e outros componentes que se fizerem necessários, exceto filtros e cartuchos. A peça deve cobrir no mínimo o nariz e a boca e proporcionar vedação adequada sobre a face, com a pele úmida ou seca, permitindo que o usuário execute movimentos com a cabeça e converse. O ar entra na peça facial e passa diretamente para a área do nariz. O ar exalado flui diretamente para o ambiente atmosférico através da válvula de exalação, ou por outro meio apropriado (NBR 13.694; ABNT, 1996).

Os EPIRs podem ser descartáveis ou reutilizáveis. Nos descartáveis, os filtros são afixados sobre a superfície externa da peça facial; já nos reutilizáveis são cartuchos afixados em peça facial impermeável. Na Figura 11 se observam os EPIRs descartáveis e reutilizáveis, que são os mais usados no trabalho com os agrotóxicos, com as peças semifaciais, as válvulas de inalação e exalação e os demais acessórios. O acionamento das válvulas de inalação e exalação ocorre da seguinte forma:

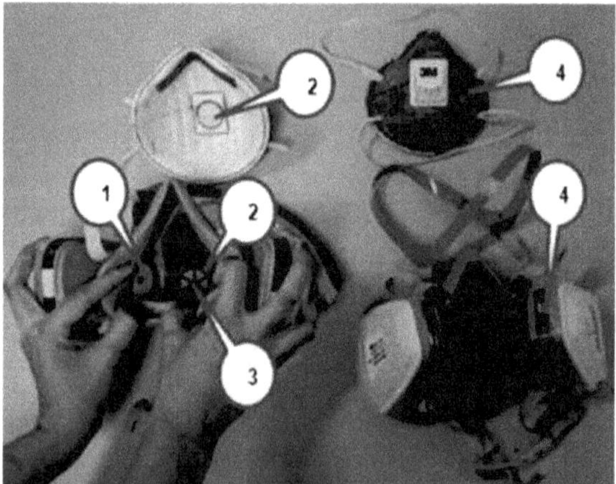

Figura 11 Peças faciais com as válvulas de inalação e exalação e acessórios em EPR descartáveis (acima) e reutilizáveis (abaixo). (1) Válvula de inalação, (2) válvula de exalação, (3) grade de suporte e (4) filtros. Fonte: Autor.

◆ Inspiração: o ar passa pelos filtros e válvulas de inalação, que são abertas pela pressão da respiração do usuário, enquanto a válvula de exalação fica fechada e fortemente pressionada sobre a grade de suporte interna.

◆ Expiração – o ar respirado pressiona e fecha as válvulas de inalação sobre as grades de suporte, para impedir a passagem do ar e proteger os filtros da umidade contida no ar expirado pelo usuário, e abre a válvula de exalação, que está atrás da grade de suporte.

Filtros dos EPIRs

Os filtros de ar dos EPIRs de pressão negativa são diferenciados para os respiradores descartáveis e reutilizáveis. Para os respiradores descartáveis, os filtros são as próprias peças semifaciais filtrantes (PFF); para os reutilizáveis, cartuchos com partículas de carvão ativado.

Pela norma NBR 13.698 (ABNT, 2011), as PFF podem ser classificadas em PFF1, PFF2 e PFF3 (Tabela 4), de acordo com o nível de penetração e resistência à respiração, medidas em condições de ensaio. A proteção proporcionada por uma PFF2 ou PFF3 inclui a proteção proporcionada por uma PFF de classe ou classes inferiores. As PFF podem ser classificadas pela capacidade de reter partículas sólidas e líquidas à base de água com letra S, se aprovadas no ensaio com aerossol de cloreto de sódio, e com a letra SL, se aprovadas nos ensaios com aerossol de cloreto de sódio e de óleo de parafina ou de doctil ftalato (DOP).

Tabela 4 Valores-limite para ensaios de laboratório a fim de avaliar a resistência máxima à respiração, pela passagem do fluxo de ar contínuo na inalação e na exalação, e penetração máxima dos aerossóis usados nos ensaios (NBR 13.698; ABNT, 2011).

Máxima resistência permitida da PFF (Pa) à passagem de 25 fluxos contínuos de ar/min.			
Classes	Inalação		Exalação
	30 l/min.	95 l/min.	160 l/min.
PFF1	60	210	300
PFF2	70	240	300
PFF3	100	300	300
Penetração máxima do aerossol na PFF (%)			
Classes	NaCl (95 l/min.)		DOP (95 l/min.)
PFF1	20		20
PFF2	6		6
PFF3	1		1

EPIR descartável

As PFF são constituídas parcial ou totalmente de material filtrante que cobre o nariz, a boca e/ou queixo. A PFF pode ter válvulas de inalação e/ou de exalação, e o filtro principal forma uma parte inseparável da PFF, conforme se observa os dois exemplares na parte superior da Figura 11.

A norma NBR 13.698 (ABNT, 2011) determina que os materiais das PFF devem ter as seguintes características: suportar o manuseio e o uso durante o período de utilização para a qual foi projetada; os materiais das partes que entrarem em contato com a pele não podem causar irritação ou efeitos adversos à saúde do usuário; qualquer material liberado pelo meio filtrante e pelo fluxo de ar através desse meio não pode constituir risco ou incômodo para o usuário; o acabamento de qualquer parte da PFF que possa entrar em contato com o usuário deve ser livre de rebarbas ou cantos vivos; todas as partes desmontáveis (se existirem) devem ser facilmente conectadas e mantidas firmemente na peça, preferivelmente, sem o uso de ferramentas; e a inspeção visual das PFF deve ser feita observando-se as marcações, as informações fornecidas pelo fabricante, instruções de uso e as características dos materiais utilizados.

EPIR reutilizável

Os filtros para os EPIRs reutilizáveis podem ser para proteção contra partículas, de acordo com as normas NBR 13.697 (ABNT, 2010a), produtos químicos ou combinados para partículas e químicos, norma NBR 13.696 (ABNT, 2010b).

Pelo mecanismo de filtração, os filtros são classificados em eletrostáticos, mecânicos e para partículas. Nos filtros eletrostáticos, o mecanismo de captura preponderante se deve às forças eletrostáticas. Nos filtros mecânicos, a captura se deve às forças de inércia, interceptação direta e movimento browniano; a ação eletrostática é muito pequena. Nos filtros para partículas, o elemento filtrante retém os aerodispersoides e, dependendo dos mecanismos de captura das partículas pelas fibras do filtro, os filtros podem ser de dois tipos: mecânico ou eletrostático – NBR 13.697 (ABNT, 2010a).

Os filtros para partículas são classificados em P1, P2 e P3, de acordo com o nível de penetração de aerossol e de resistência à respiração (Tabela 5). Os filtros de classe P1, P2 e P3 são classificados pela capacidade de remover partículas sólidas e líquidas (SL) ou somente sólidas (S). A proteção proporcionada por um filtro P2 ou P3 inclui aquela proporcionada por um filtro de classe ou classes inferiores NBR 13.697 (ABNT, 2010a).

Tabela 5   Valores-limite para ensaios de laboratório a fim de avaliar a resistência máxima à respiração dos filtros para partículas, pela passagem do fluxo de ar contínuo, e penetração máxima dos aerossóis usados nos ensaios (NBR 13.697; ABNT, 2010a).

Resistência máxima inicial do fluxo de ar contínuo (Pa)		
Classes	30 L/min.	95 L/min.
P1	60	210
P2	70	240
P3	120	420
Penetração máxima do aerossol (%)		
Classes	NaCl (95 L/min.)	DOP (95 L/min.)
P1	20,0	20,0
P2	6,0	6,0
P3	0,05	0,05

Os filtros contra produtos químicos podem ser: vapores orgânicos, gases ácidos, amônia e especiais. Os filtros múltiplos são uma combinação de dois ou mais tipos e que satisfazem os requisitos de cada tipo. Os filtros combinados são químicos ou filtros múltiplos que incorporam um filtro para partículas. Os filtros químicos são classificados em filtro de baixa capacidade (FBC), Classe 1, Classe 2 e Classe 3. Os filtros FBC são usados em ambientes com baixas concentrações de certos gases e vapores – NBR 13.696 (ABNT, 2010b).

A proteção proporcionada por um filtro de dada classe inclui a proteção oferecida pelo filtro correspondente de classe ou classes inferiores. A máxima concentração de contaminante em que um filtro para gases e vapores de uma classe e tipo pode ser usado se encontra na Tabela 6 (NBR 13.696; ABNT, 2010b).

Para controle da exposição respiratória no trabalho com agrotóxicos, dentre os respiradores listados na NR 6:2015 (BRASIL, 2015f), são indicados os respiradores purificadores de ar não motorizados contra partículas (gotas de pulverização) e gases e vapores tóxicos com as seguintes combinações: peça semifacial filtrante (PFF1) para proteção das vias respiratórias contra poeiras e névoas; e peça um quarto facial, semifacial ou facial inteira com filtros químicos e/ou combinados para proteção das vias respiratórias contra gases e vapores e/ou material particulado.

Tabela 6 Máximas concentrações de uso (MCU) dos filtros químicos
(NBR 13.696; ABNT, 2010b).

Filtros		Tipo	MCU (mL/m³ = ppm)	Tipo de peça facial compatível
Classe FBC	FBC	Vapor orgânico Gases ácidos Amônia	300	Quarto facial, PFF, semifacial, facial inteira ou conjunto bocal
Classe 1	Cartucho pequeno	Vapor orgânico	1.000	Quarto facial, PFF, semifacial, facial inteira ou conjunto bocal
		Gases ácidos	1.000	
		Amônia	300	
		Ácido Clorídrico	50	
		Cloro	10	
Classe 2	Cartucho médio	Vapor orgânico Gases ácidos Amônia	5.000	Facial inteira
Classe 3	Cartucho grande	Vapor orgânico Gases ácidos Amônia	10.000	Facial inteira

Algumas etapas para seleção do respirador do Programa de Proteção Respiratória (PPR) proposto e publicado pela Fundacentro em 2002 (FUNDACENTRO, 2015):

1) Se o contaminante for agrotóxico e o veículo orgânico, usar filtro combinado: filtro químico contra vapores orgânicos e filtro mecânico classe P2, ou filtro químico de baixa capacidade FBC1 para vapor orgânico combinado com peça semifacial filtrante para partículas PFF2. Este é o caso das atividades realizadas com as embalagens dos agrotóxicos, as formulações puras: transporte e preparo de caldas, abertura e dosagem dos produtos, e abastecimentos dos tanques.

2) Se o fator de proteção requerido for menor que 10 e o contaminante é um agrotóxico em veículo água, usar filtro mecânico classe P2, ou usar a peça semifacial filtrante para partículas PFF2 se o fator de proteção atribuído for menor que 10. Este é caso das atividades de aplicações de caldas com os agrotóxicos diluídos no veículo aquoso ou oleoso.

Para as formulações de pronto uso, sólidas ou líquidas, podem ser utilizadas as mesmas recomendações citadas acima, em função das condições da exposição respiratória.

Equipamento de proteção individual dérmica (EPID)

Os equipamentos de proteção dérmica (EPID) são compostos com materiais porosos ou impermeáveis, ou não-porosos. Os materiais impermeáveis são os plastificados, laminados e emborrachados, para a proteção das mãos (luvas impermeáveis) e dos pés (botas impermeáveis de borracha), além de perneiras, aventais e viseiras impermeáveis.

Os materiais porosos são tecidos, normalmente com a trama do tipo tela ou sarja 3:1, impregnados com compostos de flúor carbono, que confere proteção por repelência das gotas de água das pulverizações, ou formulações líquidas. Os EPIDs confeccionados com materiais porosos protegem as exposições da cabeça, pescoço, tronco, membros superiores, exceto as mãos, e membros inferiores, exceto os pés. As mãos são protegidas com luvas impermeáveis, geralmente confeccionadas com material de borracha nitrílica, e os pés com botas impermeáveis de borracha de PVC.

Com os materiais porosos são confeccionados vestuários que formam conjuntos de EPID compostos por capuz, camisas de mangas longas e calças compridas. O capuz pode ser afixado na região da gola da camisa ou separado, na forma de boné com aba frontal e pala para proteção do pescoço e partes superiores dos ombros, fechado ou aberto abaixo do queixo, mas com fecho de velcro. A calça pode ser complementada com material impermeável afixado sobre o material hidrorrepelente na parte da frente e/ou atrás das pernas e/ou coxas, para condições de trabalho em que o trabalhador tem de caminhar no solo para realizar a aplicação dos herbicidas.

Para serem comercializados no Brasil, os EPIDs devem ter o certificado de aprovação (CA) emitido pelo DSST, de acordo com a Portaria nº 452:2014 (BRASIL, 2015g), que determina que as vestimentas de proteção contra riscos de origem química (agrotóxico) deverão comprovar nível de proteção 2 ou 3 nos ensaios da norma técnica ISO 27065:2011 (ISO, 2011). Os requisitos para aprovação dos EPIDs estabelecidos nessa norma técnica se encontram na Tabela 7.

Os EPIs classificados no nível 2 são as peças de proteção, ou conjuntos de peças de proteção, confeccionadas em materiais porosos tratados com compostos hidrorrepelentes. OS EPIs classificados no nível 3 são as peças de proteção confeccionadas em materiais impermeáveis.

Tabela 7 Requisitos da norma técnica ISO 27065:2011 (ISO, 2011) para avaliação da proteção dos EPIs exigidos para a emissão do CA pelo DSST (Portaria nº 452:2014; BRASIL, 2015g).

Requisitos	Itens da ISO 27065	Testes de desempenho específicos	Níveis 2	Níveis 3
Para os materiais	5.2.1	Resistência à penetração de líquido (EN 14786)		
	5.2.2	Resistência à penetração de líquido (ISO 22608)	X^B	
	5.3	Resistência à penetração de líquido sob pressão (ISO 13994, Método E)		X^A
	5.3.1	Resistência à permeação (ISO 6529, Método A)		X^A
	5.4	Resistência à tração (ISO 13934 -1)	X	X
	5.5	Resistência à ruptura (ISO 9073 - 4)	X	X
Para as costuras	6.2.1	Resistência à penetração na costura (EN 14786)		
	6.2.2	Resistência à penetração na costura (ISO 22608)	X^B	
	6.3	Resistência à permeabilidade do liquido sob pressão (ISO 13994, Método E)		X^A
	6.3.1	Resistência à permeação (ISO 6529, Método A)		X^A
	6.4	Resistência da costura à tração (ISO 13935-2)	X	X
Para as vestimentas inteiras	7.2	Teste de desempenho prático	X	X
	7.3.1	Teste de pulverização em baixo nível (ISO17491 -4, Método A)	X	
	7.3.2	Teste de pulverização em alto nível (ISO 17491-4, Método B)		X

Eficácia dos EPIs no Controle das exposições a Herbicidas

Apesar de poucos estudos terem sido realizados com EPI em condições tropicais, os trabalhos com agrotóxicos iniciaram-se na década de 1960. Wolfe et al. (1961) verificaram que luvas de borracha proporcionaram 75,4% de redução da exposição das mãos quando utilizadas durante o preparo de calda com o herbicida DNOSBP (dinitro-o-secundário de butilfenol). Por outro lado, a exposição das mãos de trabalhadores negligentes foi 69% maior que a de trabalhadores cuidadosos, que manusearam o produto com segurança.

Lundehn et al. (1992) relatam a eficiência de alguns EPIs na redução de exposição. Observaram 95% de redução da exposição dérmica com o uso de botas de borracha e de 95% de exposição respiratória com o uso de respirador descartável com filtro de carvão ativado.

Em estudos de permeabilidade ou penetração de agrotóxicos em roupas de proteção, Dedek (1980) verificou que, em camadas de polímeros orgânicos puros sobre tecidos de algodão, a solubilidade ou penetração foi proporcional à solubilidade dos agrotóxicos nos polímeros e inversamente proporcional à solubilidade destes na água.

A proteção dos materiais de plástico, ou emborrachados, é significativamente maior que a dos tecidos de algodão, utilizados como roupa de proteção. Porém, em condições de clima quente, os emborrachados são muito desconfortáveis e são rejeitadas pelos operários, mesmo por aqueles que sofrem altas exposições (DAVIES et al., 1982).

A eficácia de conjuntos de EPIs em aplicações de herbicidas foi avaliada em diversos trabalhos de pesquisa em condições de campo e em diversas condições de trabalho e atividades realizadas pelos trabalhadores em diversas culturas no país. Destaca-se que, nas condições de trabalho classificadas como seguras (MS $\geq$ 1), não há necessidade de se utilizar qualquer medida de proteção, mas os EPIs podem ser recomendados como medida de prevenção de acidentes.

No caso de tratorista dirigindo o trator para aplicação do herbicida glyphosate em plantios de eucalipto com o pulverizador de barra protegida (Figura 10), usando um conjunto de EPI, a exposição dérmica não controlada pelos EPIs foi reduzida em 99% (838,88 mg/dia do herbicida glyphosate para 8,62 mg/dia) e a MS aumentou de 8,62 para 103,24 (MACHADO-NETO et al., 2000). O conjunto de EPI foi composto por peças hidrorrepelentes (capuz, camisa de mangas longas e calça), luvas e botas impermeáveis. Com o uso dos EPDs, a condição de trabalho do tratorista ficou ainda mais segura.

Na cultura de cana-de-açúcar, Momesso e Machado Neto (2003) verificaram que o conjunto de EPI, da marca AZR®, reduziu entre 49,2 e 85,2% a exposição dérmica potencial do tratorista em aplicação de herbicidas com um pulverizador de barras montado em trator.

Nas culturas de soja e de amendoim, um conjunto de EPI hidrorrepelente controlou em 76,5% a exposição dérmica do tratorista em aplicação de herbicidas em pré-plantio incorporado ao solo e em 50,9% a exposição dérmica do tratorista realizando aplicação de inseticidas com um pulverizador de barra montado em trator. Na cultura de amendoim, a eficiência foi de 83,3% (CRISTÓFORO e MACHADO NETO, 2007).

Experimentos de Eficiência e Praticabilidade Agronômica com Herbicidas

4

Marcos Antonio Kuva
Tiago Pereira Salgado
Thais Tanan de Oliveira Revoredo

Introdução

Para minimizar os efeitos negativos da comunidade infestante de plantas daninhas nas culturas agrícolas é necessário limitar a convivência durante o período crítico de interferência. Para isso, o mais usual é recorrer à aplicação de moléculas químicas que apresentam a capacidade de suprimir ou restringir o desenvolvimento de algumas espécies de plantas e manter íntegra a cultura em consequência da seletividade. Essas moléculas são denominadas de herbicidas e podem ser utilizadas em áreas agrícolas e não agrícolas quando devidamente registradas.

Independentemente do local onde serão aplicadas essas moléculas, é importante que elas apresentem eficiência de controle conforme especificações descritas em bula, segurança para a cultura sobre a qual é aplicada (seletividade), vizinha (risco de deriva e volatilização) e subsequente (*carryover*), segurança para o consumo humano ou de animais (resíduo) e segurança para o trabalhador (classificação toxicológica) e para o meio ambiente (classificação do potencial de periculosidade ambiental).

Para garantir os requisitos acima citados, um herbicida, assim como os demais agrotóxicos, é submetido previamente a uma série de estudos antes que seja liberado para comercialização. Com os resultados do conjunto desses estudos, a empresa requerente do registro elabora e submete um Relatório Técnico que será analisado pela ANVISA (Agência Nacional de Vigilância Sanitária), IBAMA (Instituto Brasileiro de Meio Ambiente e dos Recursos Naturais Renováveis) e MAPA (Ministério da Agricultura Pecuária e Abastecimento), que darão parecer favorável ou não ao registro do produto.

Dentre os estudos requeridos estão os de eficiência e praticabilidade agronômica, que contemplam resultados que comprovem eficiência de controle sobre os alvos e seletividade à cultura em que se deseja o registro. Esses resultados, em última instância, contribuirão para a elaboração da bula do herbicida a ser registrado ou para alterações da bula de produtos já registrados. A demanda de alterações provém do dinamismo da agricultura e pode ocorrer com o surgimento e aumento da importância de novas plantas daninhas, por exemplo. As informações contidas na bula de um herbicida são de extrema importância, pois norteiam toda a recomendação técnica, garantem os resultados esperados pelos produtores, resguardam os fabricantes quanto às utilizações inadequadas dos seus produtos e auxiliam na proteção do aplicador, consumidor e meio ambiente de possíveis efeitos tóxicos e adversos.

Os fabricantes podem requerer registro de agrotóxicos de um novo ingrediente ativo ou nova indicação de cultura ou alvo biológico para ingrediente ativo já registrado no Brasil, e também para novas misturas de ingredientes ativos. Para tanto, são necessários 3 (três) testes de eficiência e praticabilidade agronômica, para cada cultura e alvo biológico, sendo conduzidos em regiões diferentes e representativas ao plantio daquela cultura, ou então na mesma região em safras diferentes. Considerando novas formulações, modalidade de emprego ou alteração de dose de ingrediente ativo já registrado no Brasil, requer-se 1 (um) teste de eficiência e praticabilidade agronômica que deve ser conduzido em região representativa do cultivo. Por fim, para o mesmo tipo de formulação, modalidade de emprego ou indicação de uso (cultura e dose) de ingredientes ativos já registrados no Brasil, basta 1 (um) relatório técnico atestando a não fitotoxicidade do produto à cultura em suas indicações de uso.

Para que um experimento com herbicida possa ser efetivamente instalado no campo, algumas condições devem ser obedecidas. Essas condições referem-se aos produtos testes ou à instituição responsável pela instalação e condução do experimento.

Neste capítulo serão apresentadas e discutidas as normativas e metodologias mais adequadas à realização de pesquisa e experimentação agrícola que visam atestar a eficiência e praticabilidade agronômica de herbicidas, para fins de registro, para utilização no território nacional.

Registro Especial Temporário (RET)

Os herbicidas registrados no MAPA, para determinada cultura, podem ser utilizados num experimento, desde que aplicados na mesma cultura, em doses contempladas na bula e na mesma modalidade de emprego (época e número de aplicações). Para os demais casos é obrigatória a solicitação de registro especial temporário (RET).

Para herbicidas ainda não registrados no país ou para aqueles já registrados, mas que se deseja alterar composição, regulamentar utilização em mistura de tanque ou destinar utilização em novo ambiente, cultura ou finalidade (alvo), o RET deve ser solicitado pela empresa fabricante. A solicitação deve ser realizada por meio de requerimento eletrônico junto ao Sistema de Informação de Agrotóxicos, denominado SISRET, disponível no sitio eletrônico do IBAMA na internet. Nesse programa, os técnicos do MAPA, ANVISA e IBAMA podem analisar e avaliar as solicitações, aprovar ou indeferir os pedidos. O RET confere, então, a autorização para utilizar um agrotóxico, componente ou afim para a finalidade específica em pesquisa e experimentação, tendo o direito de importar ou produzir quantidade predeterminada.

Ainda segundo o MAPA (2012), o RET é classificado em diferentes fases. A solicitação de RET fase III requer maior quantidade de informações em relação ao RET fase II, que por sua vez requer maior quantidade de informação em relação ao RET fase I.

- ♦ *Fase I* – A validade é de 3 (três) anos, com possibilidade de prorrogação, e os testes podem ser executados em laboratório, casa de vegetação, estufas, aquários, caixas d'água e em estações experimentais credenciadas. A área aplicada não pode exceder 1.000 m^2 por cultura.

- ♦ *Fase II* – A validade é também de 3 (três) anos, com possibilidade de prorrogação, e os testes podem ser executados em tanques, lagoas fechadas e parcelas em estações experimentais credenciadas. A área máxima em que pode ser aplicado o produto é de 5.000 m^2 por cultura.

- ♦ *Fase III* – A validade é definida caso a caso de acordo com o projeto experimental, com possibilidade de prorrogação, e os testes podem ser executados em estações experimentais credenciadas ou em áreas de terceiros, mediante contrato de arrendamento, termo de cessão de aérea ou de cooperação técnica. A quantidade do produto, e consequentemente a área possível de ser aplicada, é definida caso a caso de acordo com o projeto experimental.

Credenciamento de Estações de Pesquisa e Legislação Vigente

Os laudos de eficiência e praticabilidade agronômica só terão validade para processo de registro de herbicidas, demais agrotóxicos e afins, quando emitidos por entidades públicas ou privadas de pesquisa, ensino e assistência técnica, credenciadas no Ministério da Agricultura, Pecuária e Abastecimento (MAPA).

As principais informações contidas na sequência deste item foram extraídas da Instrução Normativa n° 36, de 24 de novembro de 2009, e do seu complemento, Instrução Normativa n° 42, de 16 de dezembro de 2010, disponíveis no sítio eletrônico do MAPA.

Para pleitear o credenciamento, uma instituição deve encaminhar: requerimento dirigido ao MAPA; cópia do contrato social; cópia do cadastro nacional de pessoa jurídica (CNPJ); cópia do alvará de funcionamento; cópia de contrato de arrendamento (área de terceiros); *curriculum vitae* dos profissionais habilitados e diretamente envolvidos; anotação de responsabilidade técnica (ART) dos profissionais habilitados e diretamente envolvidos; certidão de registro de pessoa jurídica no Conselho Regional de Engenharia, Arquitetura e Agronomia (CREA); organograma da instituição; croqui de acesso à estação experimental; acervo bibliográfico e informação quanto à disponibilidade de acesso à rede mundial de computadores; mapa com localização e memorial descritivo contendo informações sobre área total e áreas disponíveis para experimentação; situação atual de conservação do solo; localização de nascentes, rios e outros corpos de água; áreas de preservação ambiental; áreas do entorno; e relação de máquinas e equipamentos agrícolas, instalações físicas, recursos técnicos e materiais.

A entidade deve dispor de áreas, instalações e equipamentos que atendam às seguintes condições: sinalizações de saídas de emergência, localização e acessos das estruturas físicas e restrição de acesso a pessoas não autorizadas; identificação das áreas experimentais (placas); estação meteorológica com capacidade de coletar dados exigidos nos laudos e, em caso de não existência, identificar a mais próxima; local adequado para armazenamento de agrotóxicos e de suas embalagens vazias, com separação física entre produtos comerciais registrados e com RET e classes de produtos; piso cimentado nas áreas onde ocorrem captação e destino das águas pluviais contaminadas; local apropriado para destinação de resíduos (presença de evaporador, piscina química, sistema de tratamento com ozônio ou outro processo adequado); área física adequada para manipulação e armazenamento de agrotóxicos; equipamentos de precisão adequados para experimentação com agrotóxicos; barreira de contenção ao redor dos reservatórios; uso exclusivo de máquinas e equipamentos; separação de lixo comum e contaminado; lava olhos e chuveiros de emergência; sistema de conservação do solo adequado; áreas de preservação permanentes constituídas ou em recomposição; local específico para destruição de organismos geneticamente modificados (OGM), quando for o caso; ventilação adequada nos ambientes de armazenamento e manipulação de agrotóxicos e no depósito de embalagens de agrotóxicos a serem descartadas; e área de terceiros, destinadas à experimentação na fase III, devidamente identificadas e isoladas das demais. No final do capítulo são apresentadas algumas fotografias ilustrando alguns dos itens acima listados de uma estação de pesquisa credenciada (Anexo I).

Uma vez aprovado, o credenciamento tem validade por período indeterminado. Porém, quaisquer alterações nas informações apresentadas em seu credenciamento, a inclusão ou exclusão de áreas de terceiro utilizadas em experimentos e a suspensão ou paralisação das atividades deverão ser informadas ao MAPA no período de 30 dias.

Depois de credenciadas, as instituições estarão sujeitas às fiscalizações e deverão manter à disposição da fiscalização os seguintes documentos: protocolo que iniciou a pesquisa; projeto de pesquisa; cópia do RET dos produtos em experimentação; contrato de arrendamento, termo de cessão ou cooperação técnica nos casos de pesquisa conduzida em áreas agrícolas de terceiros; ficha de implantação e manutenção do experimento, contendo registro dos dados climáticos do momento da aplicação; relatório consolidado dos dados climáticos do experimento; planilha de campo com dados brutos das avaliações; comprovante de devolução de embalagens vazias ou relatório de destino final dessas embalagens; comprovante de destino dos restos e resíduos da manipulação de produtos técnicos, pré-misturas, agrotóxicos e afins, quando houver; e cópia dos laudos técnicos de eficiência e praticabilidade agronômica.

O termo de cooperação técnica deve conter cláusulas que deem ciência ao responsável pela propriedade onde será instalado o experimento quanto à realização da pesquisa; proibição do consumo da cultura e dos restos de cultura para fins de alimentação humana e animal; obrigatoriedade de destruição dos restos da cultura; e necessidade de manutenção do isolamento e da demarcação da área experimental com avisos de advertência.

A pesquisa e a experimentação deverão ser conduzidas em condições de campo ou eventualmente em mesocosmos (caixas ou vasos) e em região representativa do cultivo da cultura no território nacional; em atendimento às recomendações fitotécnicas preconizadas para a cultura, conforme a região onde o ensaio será instalado, respeitando as boas práticas agrícolas e experimentais; com níveis adequados de infestações de pragas, que possibilitem atestar, com segurança, a eficácia do tratamento avaliado; seguindo orientações dos protocolos internacionais da FAO ou desenvolvidos pela comunidade científica brasileira; de modo a possibilitar a emissão de laudo que atenda às exigências e ao conteúdo estabelecido pela Instrução Normativa nº 36; de acordo com o que consta no RET e em seu projeto experimental ou, quando em desacordo, sob o amparo de justificativas adequadas; e em consonância com as normas de proteção individual e coletiva.

Ainda em relação à legislação vigente, a entidade credenciada deve promover treinamentos regulares para os trabalhadores envolvidos com a condução das pesquisas com agrotóxicos, visto que a rotatividade de funcionários pode ocorrer. Deve-se garantir que produtos agrícolas e restos de cultura, provenientes das áreas tratadas com agrotóxicos e afins em pesquisa e experimentação não sejam utilizados para alimentação humana ou animal. Os agrotóxicos utilizados em experimentos implantados em áreas de terceiros não poderão ser armazenados ou ter seus resíduos descartados nessas áreas, devendo essas operações ser realizadas na própria estação experimental credenciada. Deverão ser dados destinação e tratamento adequados às embalagens, resíduos de produtos técnicos, pré-misturas, agrotóxicos e afins, aos produtos agrícolas e restos de cultura, de forma a garantir menor emissão de resíduos sólidos, líquidos ou gasosos ao meio ambiente. Após a finalização e entrega dos laudos, todos os documentos relacionados à condução do ensaio devem ficar arquivados por 5 (cinco) anos e estarão sujeitos à fiscalização nesse período.

O credenciamento da entidade será suspenso quando esta deixar de atender aos requisitos estabelecidos pelo artigo 10 da Instrução Normativa nº 36; o funcionamento da entidade credenciada ou sua estação experimental constituir risco para a agricultura, saúde ou meio ambiente; for constatada irregularidade reparável; ou quando solicitado pela própria entidade. O prazo de suspensão não poderá exceder 36 meses e será definido considerando o período necessário estimado para reparação da irregularidade constatada. Nesse período, experimentos e laudos para fins de registro não poderão ser instalados e emitidos.

O credenciamento da entidade será cancelado quando houver falsificações ou adulterações de resultados experimentais ou de laudos técnicos que afetem a credibilidade dos resultados dos ensaios experimentais; deixar de se adequar, decorrido o prazo estabelecido, em relação aos aspectos que motivaram a suspensão de credenciamento; dificultar ou impedir o acesso dos fiscais federais agropecuários a suas instalações ou, de alguma forma, causar embaraço à fiscalização dos órgãos competentes; for constatada irregularidade que não possa ser sanada; ou quando solicitado pela entidade.

Protocolos e Projetos de Pesquisa

Os experimentos devem ser planejados previamente por meio da elaboração de um projeto de pesquisa que deverá estar à disposição nas fiscalizações. O projeto deve conter ao menos as seguintes informações: nome da empresa interessada no registro que demandou a pesquisa; endereço completo do local da pesquisa, com croqui de localização (Figura 1) e coordenadas geográficas; relação dos agrotóxicos que estão sendo objeto de pesquisa e os respectivos números dos RET; objetivos da pesquisa; e material e métodos que serão empregados na pesquisa.

Com relação à predefinição do local no projeto de pesquisa (endereço, croqui de localização e coordenadas geográficas), deve-se apontar ao menos a região onde será instalado o experimento, pois em grande parte dos casos a definição exata da área está condicionada à ocorrência do alvo. No caso de plantas daninhas, sua ocorrência muitas vezes não pode ser prevista com antecedência, uma vez que seu estabelecimento está condicionado não só pela distribuição de suas sementes no solo, mas também por condições climáticas, microclimáticas e de manejo do solo. Porém, assim que instalado o experimento, as informações relativas ao local deverão constar dos relatórios mensais que a entidade credenciada deve encaminhar ao MAPA.

Figura 1 Ilustração de um croqui de acesso a uma área experimental com herbicida para fins de emissão de laudo para registro. Foto: Adaptado de http://www.google.com.br/maps. *Fonte:* Autores.

Um experimento teoricamente perfeito em sua fase de campo é aquele que tem data de início e fim preestabelecidos no seu projeto de pesquisa. Porém, na execução do experimento, algumas alterações metodológicas em relação àquilo que estava previsto são possíveis de ser efetuadas. Sendo assim, podem ser incluídas ou extraídas avaliações, estendido ou abreviado o período de condução do experimento, aumentado ou diminuído o tamanho das parcelas, bem como aplicar diferentes testes estatísticos. Quanto menor a quantidade de alterações necessárias à condução do experimento na fase de campo em relação ao planejado, mais adequado será o projeto de pesquisa. Essas modificações não requerem informação imediata aos órgãos fiscalizadores, sendo de responsabilidade técnica do pesquisador. Dessa forma, é necessário um corpo técnico com formação apropriada para desempenhar a atividade a fim de que a entidade obtenha o credenciamento. Mesmo assim, é importante que os desvios metodológicos na condução do experimento no campo sejam registrados e justificados no respectivo caderno de campo.

Material e Métodos Utilizados em Experimentos com Herbicidas para Laudos de Eficiência e Praticabilidade Agronômica

Além de informações de localização do experimento (nome da propriedade, coordenadas geodésicas, município, estado, setor, talhão, etc.), algumas características podem ser importantes para a interpretação dos resultados. Nos experimentos com herbicidas é essencial apontar a classificação do solo e realizar análise física e química, principalmente quando o produto teste apresenta ação residual e é dependente dos teores de argila, óxidos e hidróxidos de ferro e alumínio e do teor de matéria orgânica. Outras informações importantes são: histórico de cultivo da área e de aplicação de herbicidas, sistema de preparo e correção do solo, situação de cobertura do solo e densidade e porcentagem de infestação das plantas daninhas.

Num experimento com herbicidas para fins de registro, os tratamentos são simples com apenas um fator (não fatorial). Para o produto teste, aquele para o qual se busca o registro, são necessários 4 (quatro) doses que devem ser estabelecidas de tal forma que se possa verificar o efeito de dose-resposta de controle, identificar dose(s) não eficiente(s) e, se possível, dose(s) de estabilização da eficiência. Deve completar o grupo pelo menos um tratamento (produto e dose) com produto padrão já registrado para o alvo na cultura em questão e dois tratamentos testemunhas, uma mantida sem controle de plantas daninhas (testemunha infestada) e outra mantida com plantas daninhas totalmente controladas por meio de capinas mecânicas ou manuais (testemunha livre de infestação). O número e frequência de limpeza das testemunhas com plantas daninhas totalmente controladas dependem do período de condução do experimento, mas deve-se assegurar que não ocorra mato-competição. Caso não haja produto com registro para o alvo na cultura que possa ser utilizado como tratamento-padrão, deve-se inserir mais uma dose do produto teste. Sendo assim, um protocolo ou projeto de pesquisa para fins de registro de herbicidas deve conter pelo menos 7 (sete) tratamentos.

As dimensões das parcelas dos experimentos dependerão da cultura, do arranjo populacional (espaçamento entre linhas e entre plantas), uniformidade da infestação e disponibilidade de amostras do produto teste. Não é necessária parcela muito grande, porém, deve ser dimensionada com tamanho mínimo que evite riscos de deriva, contemple faixas de bordadura nos quatro lados da parcela e que permita a realização de avaliações destrutivas (área foliar, massa verde ou seca da raiz e/ou parte aérea e produtividade), quando prevista no projeto de pesquisa.

O número de repetições por tratamento deve ser de no mínimo 4 (quatro), e o delineamento experimental deve ser em blocos casualizados quando conduzido no campo e apresentar no mínimo 16 graus de liberdade do resíduo (erro) na análise de variância. Os blocos devem, preferencialmente, ter o formato quadrangular, mas nem sempre é possível, e os blocos podem assumir formatos retangulares, que são mais comuns nos experimentos com herbicidas, ou irregulares (BANZATTO e KRONKA, 1995); o importante é que a maior homogeneidade possível dentro do bloco seja mantida. Na definição dos blocos, a principal característica analisada deve ser o nível de infestação das plantas daninhas, quando for possível verificar previamente, como no caso de experimentos com produtos de ação pós-emergente. Outras características que podem ser consideradas na definição dos blocos uniformes são tipo ou característica do solo, umidade do solo ou posição no relevo.

A escolha da variedade, cultivar ou clone da cultura dever ser realizada procurando materiais adaptados à região de instalação do experimento, e a época de plantio e condução da cultura devem se aproximar daquelas de cultivos comerciais na região onde está inserida.

O nível populacional das plantas daninhas alvo deve ser elevado o suficiente para que o pesquisador possa avaliar com confiabilidade os efeitos de controle nas parcelas dos tratamentos em comparação com a testemunha sem controle. Quanto maior a população de determinada espécie nas testemunhas sem controle, maior essa confiabilidade em atribuir conceito de controle. Não existe um limite máximo de número de espécies que pode ser avaliado num experimento e inserido num laudo para fins de registro de um herbicida, porém, número excessivo sugere baixa representatividade populacional de algumas das espécies, uma vez que há limite da capacidade suporte do meio e, consequentemente, ocorrência de competição entre espécies de plantas daninhas.

Um ponto importante é o registro do estágio de desenvolvimento das plantas daninhas nos momentos mais importantes do experimento, bem como a dinâmica populacional das espécies durante a fase de condução do experimento.

Sendo assim, quando o herbicida teste tem ação pós-emergente e absorção preferencialmente foliar, é importante indicar o estágio recomendado para aplicação dos tratamentos no projeto de pesquisa, realizar a aplicação conforme indicado e fazer o levantamento populacional no momento da aplicação dos tratamentos (densidade populacional e estágio de desenvolvimento). Por ocasião das avaliações e atribuição do conceito de controle, é necessário também não considerar os novos fluxos de emergência, os quais não receberam pulverização foliar.

Quando o herbicida teste tem ação pós-emergente e também pré-emergente das plantas daninhas com absorção radicular e ação residual no solo, deve-se indicar no projeto de pesquisa o estágio ideal das plantas daninhas na aplicação, realizar a aplicação no estágio indicado e fazer levantamento populacional por ocasião da aplicação dos tratamentos e durante toda a fase de avaliação. As atribuições de notas de controle devem basear-se em plantas que receberam a pulverização foliar e também nos novos fluxos de emergência que porventura ocorram.

Por fim, para produto de ação pré-emergente unicamente, por ocasião da aplicação dos tratamentos, as parcelas deverão estar completamente livres de plantas daninhas emergidas. Ao longo das avaliações deve-se fazer levantamento populacional para conhecer a distribuição da emergência dos diferentes fluxos. Isso ajuda a compreender quais fluxos foram contidos pela ação do produto teste e do padrão.

Para a caracterização do estágio de desenvolvimento das plantas (daninhas e cultura) pode-se recorrer à medição de altura, comprimento de ramo principal, número de folhas verdadeiras e completamente desenvolvidas e número de perfilhos, no caso de gramíneas. Porém, o mais recomendado é utilizar a escala BBCH, que se baseia na fenologia da planta. Para as plantas daninhas, que normalmente são desuniformes na germinação e consequentemente no tamanho dos indivíduos, faz-se necessário padronizar e considerar os maiores exemplares ou os exemplares que representam a mediana aproximada da população.

Para uniformizar a infestação de espécies de plantas daninhas, pode-se recorrer à semeadura nas parcelas com quantidades padronizadas. Neste aspecto, deve-se tomar alguns cuidados, principalmente se o objetivo é avaliar a ação residual do produto teste. O lote de sementes deve ser composto de sublotes coletados em diferentes safras, e a semeadura deve ser realizada de tal forma que haja distribuição de sementes num perfil de 0 a 5 cm ou de 0 a 10 cm de profundidade, dependendo da espécie e do tamanho das sementes. Esses cuidados favorecem o escalonamento da emergência, aproximando-se de uma situação de infestação natural. Semeadura muito adensada também deve ser evitada.

Com relação ao equipamento de aplicação, o mais usual para herbicidas é o pulverizador pressurizado mantido a pressão constante por meio de CO_2 ou ar comprimido. As pontas para experimentos com herbicida são, na maioria das vezes, do tipo leque e podem variar de acordo com o alvo (solo e/ou planta) e condições climáticas (temperatura, vento e umidade relativa do ar). A largura da barra e a disposição das pontas de pulverização dependem da largura da parcela e da altura de trabalho, que normalmente é padronizada em 50 cm. Na medida do possível, é melhor cobrir toda a área da parcela com uma única passada, minimizando risco de falha na sobreposição dos jatos de pulverização. A calibração deve ser feita preferencialmente no local do experimento, adequando-se à velocidade de deslocamento do operador nas condições de superfície do terreno e respeitando os limites de pressão de trabalho indicados para o tipo de ponta e volume de calda a ser pulverizada.

No momento da(s) aplicação(ões) devem ser registradas, no mínimo, as seguintes informações: data, horário de início, horário do final, temperatura do ar, umidade relativa do ar, velocidade máxima do vento, nebulosidade, presença ou ausência de umidade no solo e presença ou ausência de orvalho. Durante a fase de condução dos experimentos, dados diários de temperatura máxima, mínima e média, bem como dados de precipitação, devem ser coletados buscando aqueles registrados na estação meteorológica mais próxima do experimento, anexando-os no caderno de campo e no laudo de eficiência e praticabilidade agronômica.

Para avaliação do controle de plantas daninhas e seletividade para a cultura adota-se uma escala de notas. Na grande maioria dos experimentos com herbicidas para emissão de laudo com finalidade de registro, as avaliações de controle de plantas daninhas são realizadas mediante comparação visual das parcelas pulverizadas com os diferentes tratamentos em relação à testemunha sem controle (eficiência) e atribuição de notas na escala porcentual. Os valores porcentuais de controle podem ser convertidos para escala de notas da ALAM (1974), conforme apresentado na Tabela 1. Já para avaliação de intoxicação da cultura são duas as escalas mais utilizadas: a porcentual e a escalas de nota da EWRC 1964, conforme Tabela 2.

Ao pesquisador atribuem-se experiência e treinamento para que consiga sumarizar, num único conceito, os diferentes sintomas que podem ocorrer simultaneamente na planta daninha (eficiência) ou na cultura (seletividade), tais como redução na população de plantas, clorose, necrose, mortalidade e redução de crescimento.

Tabela 1 Escala de avaliação visual de controle de plantas daninhas com herbicidas, proposta pela Assossiación Latinoamericana de Malezas (ALAM, 1974).

Índice (nota)	Faixa de porcentagem de controle	Descrição do nível de controle
1	91-100	Controle excelente
2	81-90	Controle muito bom
3	71-80	Controle bom
4	61-70	Controle suficiente
5	41-60	Controle regular
6	00-40	Nenhum ou pobre

Tabela 2 Escala de avaliação visual de fitotoxicidade de herbicidas sobre plantas cultivadas proposta pela Europeam Research Council (EWRC, 1964).

Índice (nota)	Descrição dos sintomas visuais observados
1	Ausência de sintomas
2	Sintomas muito leves
3	Sintoma leve
4	Sintoma moderado
5	Duvidoso
6	Prejuízo leve na colheita
7	Prejuízo forte na colheita
8	Prejuízo muito forte na colheita
9	Prejuízo total na colheita

Ao iniciar a avaliação de controle, o pesquisador deve percorrer todas as repetições do tratamento testemunha no mato para definir quais espécies merecem ser avaliadas e para fixar visualmente o aspecto das mesmas (qual é o visual da nota zero de controle?). Também pode percorrer todas as repetições do tratamento testemunha capinada para fixar visualmente o aspecto das mesmas (qual o visual da nota zero de intoxicação da cultura?).

Durante o processo de avaliação é recomendado que o pesquisador não consulte o tratamento da parcela que está avaliando para que não haja influência. Ao terminar a avaliação, o procedimento que pode ser adotado é observar a variação de notas entre as repetições de um mesmo tratamento. Caso se verifiquem grandes distorções, para cima ou para baixo, em alguma repetição, o pesquisador pode optar por voltar à parcela, reavaliar o controle ou a intoxicação e verificar se não houve algum equívoco que possa ser corrigido no local. Em caso positivo, preferencialmente, alterar a nota sem causar rasuras ilegíveis no caderno de campo. Uma alternativa seria fazer um "traço" sobre a nota equivocada em vez de riscá-la ou usar corretivos de texto.

Podem ocorrer, também, perdas de parcelas por fenômenos naturais imprevistos (erosão, ventos) ou por erro humano (aplicação equivocada de parcelas, ocorrência de deriva, etc.). Se o número de perdas não for exagerado (1 ou 2 parcelas), a condução do experimento deve prosseguir, pois há alternativas estatísticas que podem contornar tais perdas mantendo a confiabilidade dos resultados. No entanto, quaisquer observações que possam afetar os resultados devem ser registradas no caderno de campo logo que constatadas.

O número e a frequência de vistorias para avaliação de controle de plantas daninhas e de intoxicação poderão variar de experimento para experimento dependendo de alguns fatores que se interagem: cultura envolvida, velocidade de sombreamento de entrelinhas e extensão de seu ciclo de desenvolvimento, época de instalação e condições climáticas reinantes e características do produto teste (ação rápida ou lenta, residual prolongado ou curto). Sendo assim, um experimento para avaliação de herbicida em alface requer avaliações mais precoces e com intervalos mais curtos quando comparado à cultura de citros, por exemplo. Da mesma forma, um experimento para avaliar herbicidas em canaviais com aplicação na época úmida requer menor período de avaliação de controle com menores intervalos quando comparado com a mesma cultura em época seca. O pesquisador deve ajustar a extensão da fase de avaliação e a frequência de vistorias utilizando seus conhecimentos e/ou realizando consulta na literatura. Uma avaliação final de controle de plantas daninhas na fase de pré-colheita das culturas também pode ser realizada caso exista potencial do produto em proporcionar melhores condições para realização dessa operação.

Para consolidar a informação de seletividade dos produtos teste e os benefícios dos eventuais períodos de controle proporcionados pelos diferentes tratamentos, é fundamental que um experimento com herbicidas para fins de emissão de laudo de eficiência e praticabilidade agronômica seja encerrado com a determinação da produtividade média das parcelas ou com a realização da estimativa de produtividade por método biométrico. Sempre que possível, o ideal é amostrar o produto comercial gerado pela cultura, ou seja, peso de grãos de soja, peso de colmos de cana, peso de parte aérea da alface, peso de frutos, etc. No entanto, em alguns casos, pode-se medir algumas características de crescimento, principalmente quando a obtenção do produto comercial ocorrerá num futuro mais distante (por exemplo, altura de plantas de eucalipto, diâmetro da copa de eucalipto ou massa verde de perfilhos de cana-de-açúcar).

Para todas as fases de campo acima apresentadas (instalação, avaliação e colheita) é interessante elaborar uma lista de materiais que serão utilizados ou potencialmente utilizados (*check-list*). Essa medida minimiza os riscos de frustrações de viagem, principalmente quando o experimento for instalado em áreas de terceiros e a longas distâncias. No Anexo II consta um exemplo de *check-list* para instalação (estaqueamento e aplicação dos tratamentos) de um experimento com herbicidas.

Os dados coletados nos experimentos deverão ser analisados por técnicas estatísticas consagradas. Para os experimentos com herbicidas para finalidade de emissão de laudo de eficiência e praticabilidade agronômica, o mais usual é realizar análise de variância (Teste F) seguida de teste de comparação de médias, normalmente Tukey em nível de 1% e 5% de probabilidade de erro. Outros métodos poderão ser utilizados em função do tipo de experimento e objetivos.

Relatórios Informativos sobre o Andamento das Pesquisas

A entidade credenciada deverá manter os órgãos de fiscalização atualizados quanto aos experimentos instalados, em condução ou finalizados em sua fase de campo ou mesmo os cancelados. Para isso, um relatório informativo mensal deverá ser emitido e enviado à Superintendência Regional do MAPA do Estado onde está inserida a estação de pesquisa credenciada até o 10º dia útil de cada mês.

Esse relatório é no formato eletrônico disponível no site do MAPA e contempla as seguintes informações referentes à entidade e aos experimentos individuais:

- *Relativos à entidade*: nome da entidade; número da portaria do credenciamento; município onde está localizada a estação credenciada; responsável pela elaboração do relatório; telefone; e endereço eletrônico.

- *Relativos aos experimentos individuais*: número do RET; nome do produto (código que consta no RET); ingrediente ativo; concentração do(s) ingrediente(s) ativo(s); empresa titular do registro; classe de uso do agrotóxico; cultura; fase do experimento (avaliação, análise de dados, redação do laudo, finalizado); finalidade do experimento (laudo, informação ou outros); local de instalação do experimento (nome da estação credenciada ou nome da propriedade de terceiro, quando for o caso); coordenadas geodésicas (datum WGS84 ou SIRGAS2000) de um ponto interno do experimento; endereço do local do experimento; município onde se encontra o experimento; data do início do experimento (primeira aplicação do produto teste no experimento); data provável da última avaliação e encerramento do experimento no campo; e data efetiva da conclusão do experimento no campo.

Controle de Amostras de Herbicidas com RET e Comerciais

As amostras de herbicidas com RET para pesquisa devem ser controladas e passíveis de rastreamento. Para isso deverá ser elaborada uma cadeia de custódia onde deverá haver registro da quantidade recebida e da quantidade utilizada por experimento. Quando houver sobra de amostra de produto, esta poderá ser descartada em local adequado dentro da própria estação de pesquisa credenciada, encaminhada para incineração em local apropriado ou devolvida para a empresa titular do RET. Nos três casos deverá haver registro indicando o fechamento da cadeia de custódia do produto teste dentro da entidade credenciada.

Quanto ao tipo de embalagem e etiquetagem das amostras, também há padrões apropriados, embora não regulamentados. As embalagens de polietileno de alta densidade (PEAD) de tampa com lacre são as mais apropriadas, conforme ilustração na Figura 2a. As etiquetas devem ser individualizadas por embalagem e devem conter, no mínimo, as seguintes informações: nome ou código do produto que consta no RET; nome do titular do RET; número do RET; nome do ingrediente ativo; concentração do ingrediente ativo; nome e endereço do fabricante; nome e endereço do formulador; quantidade, expressa em unidade de peso ou volume; data de fabricação; e data de vencimento. Na Figura 2b consta uma fotografia de etiqueta de um produto teste hipotético em conformidade com a Instrução Normativa nº 42, de 16 de dezembro de 2010.

As amostras de produtos comerciais já registrados e utilizados como tratamentos-padrão nos protocolos e projetos de pesquisa devem ser mantidas preferencialmente nas embalagens originais.

Amostra Experimental com RET		Código: XXXX
Produto: XX-XXX-XX		N° R.E.T.: 0123456789
Ingrediente Ativo: XXXXXX + ZZZZZZZZZZ		
Concentração: X% + Z%		Lote: ABCDE-12345
Classe: Herbicida		
Titular Registro: AAAAAAAAAAAAAAAAAAAAA LTDA.		
Fabricante: BBBBBBB, LTDA., Endereço: AAAAAAAA, AAA - AA - CEP: 012345, País: CCCCC		
Formulador: BBBBBB, LTDA., Endereço: AAAAAAAA, AAA - AA - CEP: 012345, País: CCCCC		
Fabricação: DD/MM/AAAA	Val: DD/MM/AAAA	QTD: 25 ml

Figura 2 Fotografias de embalagem apropriada para acondicionamento de amostras de agrotóxicos (a) e de modelos de etiqueta com informações mínimas para produtos com RET (b).

Os produtos com prazo de validade vencido ou embalagens vazias, até a destinação final adequada, podem permanecer provisoriamente no mesmo depósito de armazenamento das amostras, desde que separados dos demais produtos e com avisos indicativos da proibição de utilização das amostras. Para melhor separação deve-se recorrer a placas de sinalização, correntes de coloração amarela e preta, armários específicos com tranca e acesso restrito.

Caderno de Campo

Para que a condução do experimento no campo siga o que foi planejado no protocolo e no projeto de pesquisa, a pré-elaboração de cadernos de campo para cada experimento é fundamental – trata-se de um item material passível de solicitação por ocasião das fiscalizações. Além disso, ao final do experimento e entrega dos laudos, esses cadernos de campo também devem ficar arquivados por 5 (cinco) anos, período em que ainda estará sujeito a consultas e fiscalizações.

Para maior praticidade, pode ser elaborado um modelo misto impresso-manuscrito para que o preenchimento no campo seja o mais simples e rápido possível, valendo recorrer a um esquema de perguntas e respostas para facilitar a lembrança das atividades a serem executadas e também da metodologia prevista no projeto de pesquisa. Um modelo adequado de caderno de campo deve conter: título; empresa contratante e executora do experimento; códigos de identificação do protocolo e do experimento; dados da área do experimento (propriedade, responsáveis, contato e localização); tabela de tratamentos com produtos e doses, com cálculos de diluição; tabela de controle de utilização e retirada de amostras do depósito de defensivos; informações da aplicação dos tratamentos (condições climáticas e do solo; equipamentos utilizados; calibração do equipamento de aplicação; e estágio da cultura e das plantas daninhas); informações da implantação e condução da cultura; fichas de avaliação e coleta de dados personalizados em função dos parâmetros que serão avaliados na ocasião e do número de tratamentos, repetições e subamostras.

O preenchimento desse caderno de campo deve ser claro, com letra legível. Ao final do experimento na sua fase de campo, todos os espaços deverão ser preenchidos. Se a informação não for pertinente para o caso, ou seja, dispensável, deve-se colocar um traço diagonal no campo reservado ao preenchimento. Em caso de erro de anotação, em vez de rasuras ou rabiscos, deve-se optar por traços. Todas as páginas do caderno de campo devem ser numeradas, com identificação do código que foi informado ao MAPA.

O caderno de campo poderá ser mantido em paralelo numa versão digital para armazenamento dos dados, a fim de evitar problemas com possíveis perdas, facilitar a transmissão de dados com mais agilidade para pessoas interessadas e simplificar a análise prévia de resultados.

Registro Fotográfico

As principais etapas de um experimento com herbicidas devem ter registro fotográfico. Na instalação, uma foto com a vista geral da área mostrando o estágio de desenvolvimento da cultura é interessante. No caso de experimentos com herbicidas de ação em pós-emergência, o registro fotográfico da infestação geral das parcelas caracterizando o estágio de desenvolvimento das principais espécies também tem sua importância. Na fase de avaliação em todas as visitas é importante registrar pelo menos duas parcelas de cada tratamento que melhor representem a média. Essas fotos devem ser padronizadas quanto a distância e posicionamento em relação ao Sol para evitar impressões enganosas em relação à intoxicação. Se houver sintomas visíveis de intoxicação da cultura é interessante registrar fotografia detalhada e aproximada. Algumas dessas fotografias, se inseridas de forma pertinente num laudo, podem enriquecê-lo de informação, comprovar a instalação em local adequado, ilustrar a qualidade do trabalho e contribuir para o entendimento dos resultados.

Normas para Redação de Relatórios de Eficiência e Praticabilidade Agronômica

Para solicitação de registro de um herbicida, um dos documentos exigidos é o Relatório Técnico de Eficiência e Praticabilidade Agronômica, que sumariza os resultados obtidos em experimentos, que, por sua vez, devem ser conduzidos e ter seus laudos emitidos por entidade credenciada. Esses testes devem ser conduzidos no campo, e as exceções devem ser tecnicamente justificadas e submetidas à análise pelos órgãos competentes. As conclusões do Relatório Técnico e dos testes individuais não devem deixar dúvidas sobre a eficiência e a praticabilidade do produto testado.

Na Instrução Normativa nº 36, de 24 de novembro de 2009, consta uma orientação do conteúdo mínimo de um laudo de eficiência e praticabilidade agronômica a ser apresentado ao MAPA para fins de registro de agrotóxicos e afins. Essa orientação consta no final deste capítulo, no Anexo III.

Considerações Finais

A qualidade da informação contida na bula de herbicidas deve ser máxima para que o agricultor/usuário tenha confiança e segurança em sua utilização. Quando mencionamos segurança devemos considerar todos os aspectos: eficiência de controle das plantas daninhas nas doses indicadas, seletividade para a cultura nas doses e modalidades de aplicação registradas, ausência de resíduos tóxicos nos alimentos para humanos ou animais, segurança ambiental e para o trabalhador. No que tange à qualidade de informação sobre a eficiência de controle das plantas daninhas, os laudos exigidos devem ser conduzidos com qualidade, método padronizado e rigor científico e estatístico. Com exceção dos assuntos e normas regidos pelas instruções normativas, os demais assuntos abordados e métodos apresentados neste capítulo não são consensuais entre pesquisadores e tampouco oficializados, no entanto, acreditamos que representa um modelo bem próximo do ideal para que sejam garantidas a qualidade e a confiabilidade da informação gerada em experimentos com herbicidas para emissão de laudo de eficiência e praticabilidade agronômica para fins de registro junto aos órgãos responsáveis.

Anexo I

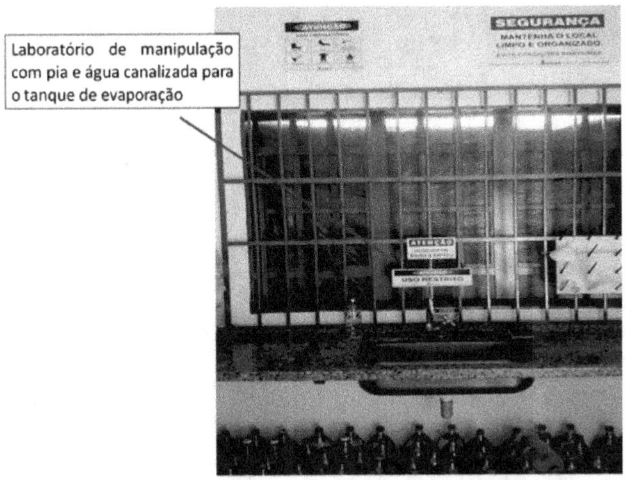

Laboratório de manipulação com pia e água canalizada para o tanque de evaporação

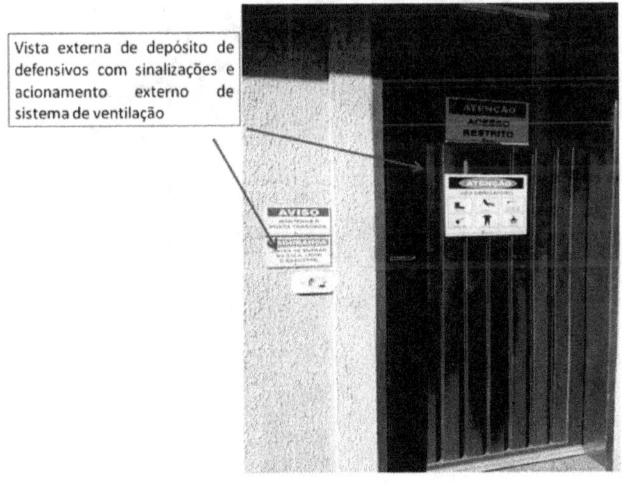

Vista externa de depósito de defensivos com sinalizações e acionamento externo de sistema de ventilação

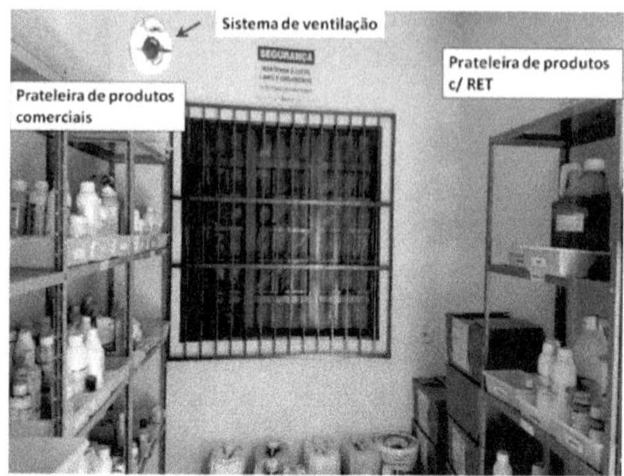
Sistema de ventilação
SEGURANÇA
Prateleira de produtos
comerciais
Prateleira de produtos
c/ RET

Modelo de tanque de evaporação e contenção de resíduos sólidos de agrotóxicos

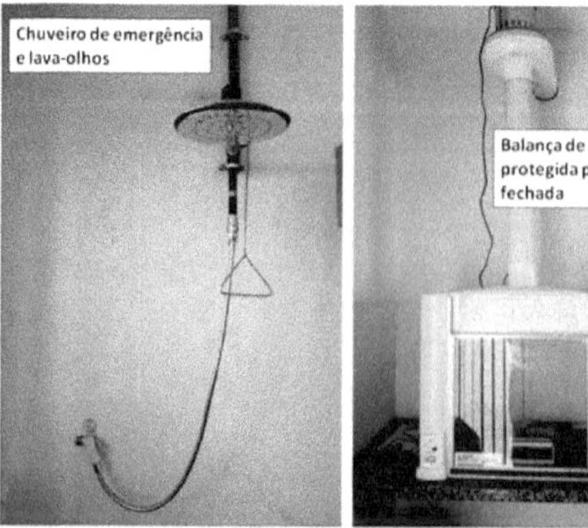
Chuveiro de emergência
e lava-olhos
Balança de precisão
protegida por capela
fechada

Anexo II

Exemplo de *check-list* contendo materiais e equipamentos para instalação de um experimento com herbicida no campo.

Item		Item	
Estacas para delimitação das parcelas	ok	Caneta permanente para identificação das parcelas e tratamentos	ok
Marreta para fincar estacas no solo	ok	Fita zebrada para isolamento da área	ok
Trena para medição da parcela	ok	Suporte costal para cilindro de CO_2	ok
GPS para marcação de coordenadas geodésicas	ok	Cilindro de CO_2 com carga suficiente para aplicação de todos os tratamentos e repetições	ok
Placa de identificação do experimento com suporte	ok	"Pescadores" (2)	ok
Cavadeira para fixação do suporte de placas	ok	Barra de pulverização de alumínio de 2 e 3 metros de comprimento	ok
Parafusos para fixação da placa ao suporte	ok	Lança com gatilho de acionamento e liberação da pulverização	ok
Sementes de espécies de plantas daninhas alvo	ok	Aparelho medidor de condições climáticas (temperatura, umidade relativa, velocidade do vento)	ok
Enxadas para incorporação das sementes no solo	ok	Ferramentas diversas para apertos, trocas e manutenções	ok
Quadro vazado de amostragem de população de plantas daninhas	ok	Braçadeiras reservas	ok
Caderno de campo	ok	Veda rosca e fita isolante	ok
Garrafas PET com calda dos diferentes tratamentos; teste e padrões com quantidade suficiente para 4 repetições	ok	Cronômetro para calibração	ok
Manual de identificação de plantas daninhas	ok	Tipos diversos de pontas de pulverização	ok
Pranchetas para facilitar anotações	ok	Filtros diversos de equipamento de pulverização	ok
Enxadão para coleta de amostra de solo	ok	Engates rápido, anéis e borrachas de vedação	ok
Sacos para acondicionamento de amostra de solo	ok	Maquina fotográfica digital	ok
EPI completo para aplicação de defensivos para aplicador e auxiliar	ok	Equipamentos de laboratório (béquer, provetas, funil) para calibração de equipamento de pulverização.	ok

Anexo III

Requisitos e conteúdo dos laudos de eficiência e praticabilidade agronômica a serem apresentados ao MAPA, para fins de registro de agrotóxicos e afins, adaptados para herbicida somente

1 – Título, Autor(es), Endereço postal e eletrônico, Telefone, Fax, Data de apresentação e Número do RET do produto teste.

2 – Introdução com dados atualizados que justifiquem o registro.

2.1 – Revisão bibliográfica consistente, atualizada e relativa ao objetivo do ensaio.

2.2 – Descrição das plantas daninhas alvo.

2.3 – Nível de infestação recomendado para realização do teste.

2.4 – Nível de dano econômico recomendado para controle, caso estabelecido. Na ausência, justificar.

2.5 – Objetivos.

3 – Material e Métodos.

3.1 – Número e data do RET.

3.2 – Local (apresentar coordenadas geográficas, altitude, e georreferenciamento) e data de instalação do ensaio (dd/mm/aaaa).

3.3 – Cultivar ou híbrido: deverá ser indicado o cultivar ou híbrido utilizado no teste, com informações sobre resistência/suscetibilidade da doença/praga estudada (com referência técnico-científica) quando disponível.

3.4 – Descrição das práticas agrícolas adotadas durante a condução do ensaio, em acordo com as recomendações fitotécnicas preconizadas.

3.5 – Descrição dos produtos usados

3.5.1 – Citar marca comercial (quando definida), tipo de formulação, concentração e nomes(s) comum(s) dos ingredientes ativos(s).

3.5.2 – Quando definido colocar o(s) grupo(s) químico(s).

3.6 – Tratamentos.

3.6.1 – Dose(s) e volume de calda utilizado.

3.6.2 – Tamanho da parcela, especificando espaçamento utilizado, densidade populacional da cultivar ou híbrido e, em casos específicos, justificar (pastagens, por exemplo).

3.6.3 – Número de aplicações de cada tratamento.

3.6.4 – Época e modo de aplicação, citando a idade e o estádio de desenvolvimento da cultura e dos alvos biológicos e data das aplicações (dd/mm/aaaa).

3.6.5 – Nível de infestação e nível de dano econômico em avaliação prévia e por ocasião do(s) tratamento(s). Na ausência do dado, justificar.

3.6.6 – Intervalo entre aplicações.

3.6.7 – Tecnologia de aplicação.

3.7 – Dados meteorológicos.

3.7.1 – Por ocasião da(s) aplicação(ões): temperatura, umidade relativa, velocidade do vento, condições de nebulosidade.

3.7.2 – Diariamente, durante a condução do ensaio experimental: temperatura mínima, temperatura máxima, umidade relativa, precipitação (mm).

3.8 – Delineamento estatístico: utilizar a metodologia e o delineamento experimental adequados, para alcançar os objetivos propostos devidamente embasados em referências científicas.

3.8.1 – Utilizar 6 (seis) tratamentos e 4 (quatro) repetições, sendo entre eles um tratamento com um produto-padrão e um tratamento testemunha sem aplicação. Quando o delineamento diferir desse modelo, justificar tecnicamente. No caso específico de experimentos com herbicidas incluir outra testemunha mantida sem plantas daninhas por meio de capinas.

3.8.2 – O produto utilizado como padrão nos testes de comparação deverá ser registrado ou estar indicado no projeto de pesquisa de requerimento do RET.

3.9 – Métodos de avaliação: deverá ser utilizada a metodologia adequada para cada situação, além de dados de produção e produtividade, quando pertinentes, devidamente embasados por referências científicas.

3.9.1 – Para cada avaliação deverão ser apresentados: data, nível de incidência e severidade ou infestação da praga e estádio da cultura.

4 – Resultados e discussão

4.1 – Apresentação de dados de eficiência absoluta, contrastados por análises estatísticas referendadas.

4.2 – Apresentação de dados de eficiência relativa em valores percentuais por meio de fórmulas estatisticamente referendadas (somente para insetos).

4.3 – Apresentação de dados de produtividade da cultura; quando não coletados, apresentar justificativas técnicas que dão suporte ao fato.

4.4 – Apresentação de curva de dose/resposta da eficiência do produto identificando a faixa de eficiência com justificativa, quando for o caso.

5 – Avaliar:

a – fitotoxicidade;

a – eficiência demonstrada em função da dose, da testemunha e do padrão;

c – seletividade do produto a inimigos naturais e outros organismos benéficos ou não-alvo;

d – relação entre dose testada e o nível de infecção/infestação da praga ou alvo a ser controlado;

e – manejo integrado a ser aplicado na cultura com o produto testado.

6 – Conclusões

6.1 – Apresentar parecer conclusivo sobre a eficiência e praticabilidade agronômica do produto.

6.2 – Apresentar parecer conclusivo sobre ação fitotóxica do produto.

7 – Bibliografia consultada

8 – Laudo emitido deverá estar assinado pelo engenheiro agrônomo responsável pela condução do trabalho, informando número do registro no CREA e região. O laudo deverá ser datado e firmado pelo chefe imediato do pesquisador.

Métodos para a Comprovação da Resistência de Plantas Daninhas a Herbicidas

5

Pedro Jacob Christoffoleti
Saul Jorge Pinto de Carvalho
Ramiro Fernando López-Ovejero
Marcelo Nicolai

Introdução

Atualmente, uma das principais discussões acerca do manejo de plantas daninhas nas mais importantes culturas agrícolas brasileiras e mundiais é o frequente aparecimento de populações com biótipos resistentes a herbicidas. No Brasil, ano após ano, têm sido relatados novos casos de plantas daninhas com populações resistentes a herbicidas (HEAP, 2015). No país, os primeiros casos de resistência foram reportados em 1993 para os herbicidas inibidores da ALS; em seguida, relataram-se casos para os inibidores da ACCase, auxinas sintéticas e Protox; e, mais recentemente, casos de populações de plantas daninhas resistentes ao glyphosate (HEAP, 2015).

A resistência de plantas daninhas a herbicidas é definida como a capacidade inerente e herdável de determinados biótipos, dentro de uma população, de sobreviver e se reproduzir após a exposição a doses de herbicidas que seriam letais a indivíduos normais (suscetíveis) da mesma espécie (CHRISTOFFOLETI e LÓPEZ-OVEJERO, 2008). Trata-se de um fenômeno natural que ocorre espontaneamente nas populações, não sendo, portanto, o herbicida o agente causador, mas, sim, selecionador dos indivíduos resistentes que se encontram em baixa frequência inicial na população (LÓPEZ-OVEJERO, 2006).

Porém, para que uma população de plantas daninhas seja considerada resistente a determinado herbicida é necessário que protocolos científicos adequados sejam conduzidos para caracterizar a resistência, de modo que as conclusões obtidas não sejam equivocadas (CHRISTOFFOLETI et al., 2006). Assim, para que um biótipo seja reportado como resistente é necessário que sejam demonstrados os seguintes critérios: (i) obedecer plenamente à definição da resistência; (ii) confirmação de resultados usando protocolos científicos adequados; (iii) a resistência deve ser herdável; (iv) deve ser mostrado o impacto prático da resistência no campo; e (v) identificação do problema em nível de espécie de planta daninha, não como resultado de seleção artificial (tecnologia de DNA recombinante, por exemplo) (HEAP, 2015 – International Survey of Herbicide Resistant Weeds).

Assim, para que medidas de prevenção e manejo da resistência sejam corretamente implementadas é necessário que o produtor e/ou engenheiro agrônomo utilizem procedimentos adequados para identificação da existência da resistência em um biótipo. Desta forma, evita-se que falhas de controle, falhas de aplicação ou outros fatores relacionados sejam atribuídos erroneamente como casos de resistência de plantas daninhas aos herbicidas. Geralmente, testes diagnósticos ideais devem ser preferencialmente rápidos, precisos, baratos e prontamente disponíveis, fornecendo uma indicação confiável da presença da resistência ao herbicida no campo. Em geral, as suspeitas iniciais de resistência são consequência do controle insatisfatório de uma espécie de planta daninha após a aplicação de um herbicida, contudo, as reais causas podem ser outras, de modo que a resistência deve ser considerada somente após a eliminação das demais possibilidades (MOSS, 1999).

Identificação e diagnóstico das falhas de controle

Caso sejam identificadas falhas no controle químico de uma ou mais espécies de plantas daninhas, após a aplicação de um herbicida normalmente recomendado para o controle dessas espécies, é importante a investigação por meio de uma série de etapas a serem descritas a seguir (CBRPH, 2000).

As suposições iniciais de resistência geralmente provêm do controle insatisfatório das plantas daninhas após a aplicação de um herbicida. A falha em atingir um nível desejado de controle de plantas daninhas não significa, na maioria dos casos, que o agricultor esteja com problemas de plantas daninhas resistentes (HRAC-BR, 2003). É frequente o agricultor confundir falha de controle com a ocorrência de um biótipo de planta daninha resistente a herbicida. Porém, sabidamente, as falhas no controle de uma ou mais espécies de plantas daninhas depois da aplicação do herbicida recomendado podem ser resultantes de diversos fatores.

É importante salientar que a resistência deve ser considerada como a causa possível quando todos os outros fatores tenham sido eliminados. Sendo assim, é importante realizar uma observação cuidadosa de alguns fatores em campo para que qualquer redução na eficiência do herbicida possa ser detectada. Dentre as informações a serem levantadas, destacam-se: I. herbicida utilizado (modo e mecanismo de ação); II. planta daninha (espécie, tipo de planta daninha, estádio de desenvolvimento no momento da aplicação, fluxos de germinação, nível de infestação elevada); III. fatores relacionados com a tecnologia de aplicação do herbicida (bicos, pressão, velocidade, manobras, etc.); IV. condições meteorológicas (regime de chuvas e temperatura); V. condições edáficas (umidade, preparo, sorção, práticas agrícolas); VI. dados da cultura; e VII. tipo de plantio. Assim, após o correto diagnóstico e depois de eliminadas todas as possibilidades de falha, pode-se suspeitar da incidência de um biótipo resistente (CBRPH, 2000).

Porém, raramente é possível confirmar a resistência apenas com base em observações de campo e considerações sobre o histórico das lavouras. Assim, se após as investigações iniciais um problema de resistência ainda é suspeito, então, considerações de aspectos históricos podem apontar para fatores que levam ao desenvolvimento de resistência, tais como (MOSS, 1999; CBRPH, 2000; HRAC-BR, 2003):

I. Nível de controle das demais espécies suscetíveis. Se as demais espécies suscetíveis foram adequadamente controladas pelo herbicida, maiores são as chances de se tratar de um caso de resistência.

II. Plantas vivas ao lado de plantas mortas podem indicar a evolução da resistência. Isso pode indicar a presença de indivíduos resistentes; embora tais situações possam advir por variação de estádio de crescimento, aplicação incorreta ou cobertura da planta daninha por plantas da cultura (efeito guarda-chuva).

III. Experiência do passado. Se a espécie sobrevivente vinha sendo controlada com sucesso pelo mesmo tratamento no passado, ou se um declínio de controle foi notado no decorrer dos anos, a resistência pode ser a responsável.

IV. Na maioria dos casos, a infestação de biótipos de plantas daninhas resistentes a herbicidas deve ser esperada somente quando o mesmo herbicida ou herbicidas com o mesmo mecanismo de ação são utilizados por vários anos consecutivos.

V. Ocorrência de resistência na vizinhança. Se a resistência da mesma planta daninha, envolvendo o mesmo herbicida, foi positivamente identificada em lavouras, propriedades adjacentes ou margens de estradas há alta possibilidade de que a resistência esteja envolvida.

VI. A possibilidade de erros na aplicação também deve ser descartada, verificando se a dose correta foi empregada e se a falha de controle ocorreu num padrão aleatório ao longo do campo, sendo assim, é menos provável a ocorrência de problemas com a tecnologia de aplicação do herbicida. O padrão de distribuição de plantas daninhas resistentes inclui: manchas na gleba, manchas com alta densidade no centro diminuindo para fora e escapes em diferentes direções sem padrão definido na gleba, sempre se tratando da mesma planta daninha. Também, observar as pequenas manchas que aparecem no mesmo local na próxima cultura.

VII. Certas condições ambientais também contribuem para um controle deficiente de espécies normalmente suscetíveis de plantas daninhas, como, por exemplo: alguns herbicidas aplicados diretamente ao solo (pré-emergentes) requerem certa quantidade de chuva para sua incorporação e atividade; herbicidas aplicados à folha (pós-emergentes) podem ser lavados da superfície foliar pela chuva antes mesmo de serem absorvidos; após a aplicação podem ocorrer dias de elevada nebulosidade, dificultando a ação de alguns herbicidas.

Sendo assim, é importante manter um histórico do manejo de plantas daninhas, especialmente dos herbicidas aplicados em cada talhão da propriedade, para se identificar a evolução da população de determinadas espécies, pois, normalmente, a ocorrência dos biótipos resistentes não pode ser detectada durante os primeiros anos de aplicação do agente de seleção. Quando é percebida a falha de controle de uma espécie de planta daninha que normalmente era controlada por certo herbicida, já se passaram, na maior parte dos casos, alguns anos do início da seleção dos biótipos resistentes (CHRISTOFFOLETI et al., 2000).

No caso de haver indícios de que a área possui infestação de biótipos de plantas daninhas resistentes a herbicidas, será necessário estabelecer algumas ações imediatas e confirmar cientificamente a hipótese da resistência. Como primeira medida, deve-se deixar uma pequena parcela testemunha, para que as plantas daninhas produzam sementes, com a finalidade de coletá-las para realizar testes de confirmação da resistência e confirmar os critérios. Se possível, erradicar o restante da população de plantas daninhas antes que produza sementes e procurar orientação técnica especializada para implementar estratégias de manejo nas áreas onde foi observado o problema (CBRPH, 2000).

Para confirmar a resistência de um biótipo a herbicidas são utilizados diferentes tipos de testes. Segundo Moss (1999), o primeiro passo para a confirmação da seleção de um biótipo de planta daninha resistente a herbicidas no campo é a coleta de sementes na gleba com suspeitas de resistência.

Coleta de sementes do biótipo resistente

O primeiro e fundamental passo na avaliação da resistência é a identificação correta das espécies que compõem as populações resistentes, realizada de forma criteriosa antes de qualquer conclusão. No Brasil, por exemplo, têm sido encontradas variações específicas nas populações de picão-preto resistentes a herbicidas inibidores da ALS, constituída pelas espécies *Bidens pilosa* e *B. subalternans* (MONQUERO et al. 2003; LÓPEZ-OVEJERO et al., 2006). Também, tem sido demonstrado que o capim-colchão (*Digitaria ciliaris*) possui populações selecionadas com biótipos resistentes aos herbicidas inibidores da ACCase, notadamente no Estado do Paraná (LÓPEZ-OVEJERO et al., 2005). Embora sejam mais de 300 espécies pertencentes a esse gênero, cinco delas são importantes para a cultura e também são chamadas de capim-colchão (Canto-Dorow, 2001). Somente no Estado de São Paulo foram identificadas 13 espécies, e a diferenciação visual dessas espécies é difícil de ser feita no campo, em virtude da grande semelhança morfológica entre elas (KISSMANN, 1997).

A confiança nos resultados de experimentos realizados com o objetivo de avaliar a resistência de plantas daninhas a herbicidas é largamente dependente dos seguintes itens (MOSS, 1999; HRAC-BR, 2003; BURGOS et al., 2013):

I. Qualidade das amostras de sementes das quais as plantas foram originadas. Sementes de baixa qualidade com frequência apresentam baixa germinação ou produzem plantas com resposta variável a herbicidas.

II. Colher sementes quando a maioria estiver madura. Colher muito cedo ou muito tarde pode resultar em amostras com baixa viabilidade.

III. Colher sementes maduras friccionando as infrutescências sobre um saco ou bandeja. Sementes de plantas altas são colhidas mais facilmente segurando as infrutescências dentro de um saco grande e agitando vigorosamente. Ainda, com gramíneas o melhor método pode ser colher sementes diretamente no solo, em vez de colher as panículas, pois resulta em maior porcentagem de germinação. A melhor técnica varia com a espécie.

IV. Procurar colher em uma área de pelo menos 500 m², dentro da área com maior problema, a não ser que o problema esteja confinado a uma ou mais manchas menores, bem distintas. Evitar áreas obviamente não pulverizadas. As amostras precisam ser representativas do campo ou área com problema, assim, algumas sementes devem ser colhidas de muitas infrutescências.

V. Qualidade é mais importante que quantidade. Procurar colher no mínimo um volume de 250 mL de sementes de gramíneas, para compensar as perdas que ocorrem durante a limpeza. A quantidade de sementes de outras plantas daninhas varia com o tamanho das sementes e a facilidade de colheita, mas o objetivo deve ser a colheita de uma amostra adequada (normalmente sementes provenientes de 20-40 plantas) para o teste a ser realizado. Assegurar que o suprimento adequado de sementes esteja disponível e realizar a limpeza para eliminar sementes de baixa qualidade. Amostras de baixa qualidade ou insuficientes tendem a resultar em plantas de baixa qualidade, que podem ser mais ou menos suscetíveis a herbicidas.

VI. Não colher em condições de umidade. A colheita é mais difícil e as sementes de algumas espécies podem se tornar dormentes, além de evitar problemas de apodrecimento.

VII. Cuidado com o rápido aquecimento de amostras recém-colhidas – não guardar em sacos plásticos. Sementes deverão ser guardadas em envelopes de papel para o transporte e acondicionamento. Grampear os lados, fundo e boca dos envelopes para prevenir que se descolem em virtude da umidade das sementes. Etiquetar os envelopes com o nome da lavoura, da propriedade e data da colheita (além dos detalhes sobre a planta suspeita).

VIII. Secar as sementes ao ar, tão logo seja possível, após a colheita. Pequenas amostras podem ser secadas nos envelopes, deixados em pé e abertos, sacudindo-os diariamente. Amostras maiores são mais bem "secas" em bandejas colocadas em ambiente seco, arejado, mas sem vento. As sementes da maioria das espécies devem secar no período de uma semana.

IX. Limpar as amostras para eliminar sementes de baixa qualidade e impurezas. A melhor técnica para limpar amostras varia com a espécie de planta, mas peneirar para eliminar resíduos das plantas e ventilar para remover sementes mais leves é adequado para muitas espécies.

X. Um componente importante em todos os experimentos de resistência é a inclusão de uma população de referência apropriada. Padrões suscetíveis devem ser escolhidos com cuidado para assegurar que sejam verdadeiramente representativos e não sensíveis ou insensíveis de forma atípica ao herbicida sob avaliação. Essas sementes devem ser obtidas em áreas vizinhas que nunca receberam tratamento herbicida. Normalmente, são áreas próximas de residências ou hortas que nunca foram pulverizadas com o herbicida em estudo. Populações suscetíveis coletadas em áreas próximas ao campo onde ocorreu a suspeita de resistência têm maior similaridade genética com o biótipo suspeito, o que contribui para a maior confiabilidade dos experimentos.

XI. As amostras de sementes devem ser armazenadas em condições apropriadas (8-15ºC, 30% de umidade relativa do ar), com a finalidade de manter o máximo poder de germinação.

Para a confirmação da resistência é importante, além das sementes, enviar uma amostra da planta herborizada aos órgãos responsáveis para a realização desses testes. É importante que a planta herborizada contenha flores, folhas, frutos e sistema radicular. Isto é essencial para a identificação taxonômica da espécie ou biótipo (CBRPH, 2000).

Após coleta das sementes e plantas no campo é feito o planejamento para condução dos testes de confirmação da resistência que são comentados a seguir.

Testes convencionais de resistência: curvas de dose-resposta

A literatura oferece informações de testes que envolvem placas de Petri, análise da parte aérea, bioensaios com enzimas e testes de fluorescência (BECKIE et al., 2000); porém, o teste mais recomendado é o de curvas de dose-resposta em ambiente controlado (RYAN, 1970; CHRISTOFFOLETI, 2002; NIELSEN et al., 2004).

Curvas de dose-resposta são experimentos em que os biótipos resistente e suscetível da mesma espécie de planta daninha são submetidos às diversas doses do mesmo herbicida (Figura 1). O objetivo principal desse tipo de experimento é identificar a dose do herbicida que promove 50% de controle (C_{50} ou DL_{50}) ou de redução da massa (GR_{50}) de ambos os biótipos (CHRISTOFFOLETI, 2002; BURGOS et al., 2013). Também, é possível identificar precisamente o controle promovido pela dose recomendada avaliando-se a ocorrência, ou não, de controle satisfatório.

Em geral, bons resultados têm sido obtidos com intervalos de três a cinco repetições para cada tratamento, sendo mais comum o uso de quatro repetições. Tem-se avaliado o controle percentual dos biótipos, bem como a massa seca ou fresca residual (BURGOS et al., 2013), em período variável entre duas (14 dias) e quatro (28 dias) semanas. A análise estatística desse tipo de experimento deve ser feita inicialmente por meio da aplicação do teste F na análise da variância. Identificando-se a diferença de resposta dos biótipos aos tratamentos herbicidas, realiza-se a análise de regressão não-linear.

Figura 1 Avaliação visual resultante da aplicação de diferentes doses de fluazifop-p-butil sobre biótipo suscetível (A) e resistente (B) de capim-colchão (*Digitaria ciliaris*). Sendo D = 187 g ha⁻¹, as doses múltiplas aplicadas foram: testemunha, 1/16D, 1/4D, D, 4D e 16D (esq. → dir.). Piracicaba, 2005 (CARVALHO, 2005 – Acervo pessoal).

Os modelos mais utilizados para esse tipo de análise são aqueles propostos por Streibig (1988) e Seefeldt et al. (1995), representados pelas Equações 1 e 2, respectivamente:

$$y = \frac{a}{\left[1+\left(\dfrac{x}{b}\right)^{c}\right]} \qquad\qquad y = Pmín + \frac{a}{\left[1+\left(\dfrac{x}{b}\right)^{c}\right]}$$

$$(1) \qquad\qquad\qquad\qquad (2)$$

Os modelos são bastante semelhantes entre si, e seus parâmetros são equivalentes a: y é a variável resposta (porcentagem de controle ou massa residual); x é a dose do herbicida; e *Pmín*, a, b e c são parâmetros da curva, de modo que *Pmín* é o ponto mínimo da curva, a é a diferença entre o ponto máximo e mínimo (amplitude), b é a dose que proporciona 50% de resposta da variável e c é a declividade da curva.

Alguns programas estatísticos classificam igualmente os dois modelos, porém, o modelo 1 é considerado a versão que intercepta o eixo x, enquanto o modelo 2 é a versão sem interceptação. Grosseiramente, considera-se que o modelo 1 pode ser ajustado para dados de massa residual e controle, visto que a dose zero (testemunha) promove zero de controle, portanto, a curva intercepta o eixo x. Pequenas variações desse modelo também são encontradas na literatura científica, substituindo-se a por 100, desde que seja obtido 100% de controle (CARVALHO et al., 2010). O modelo 2 é mais recomendado para dados de massa residual, visto que, mesmo para a maior dose, nem sempre se obtém zero de massa seca, ou seja, a curva tende infinitamente à interceptação do eixo, porém, isto nem sempre ocorre (tangência) (Figura 2).

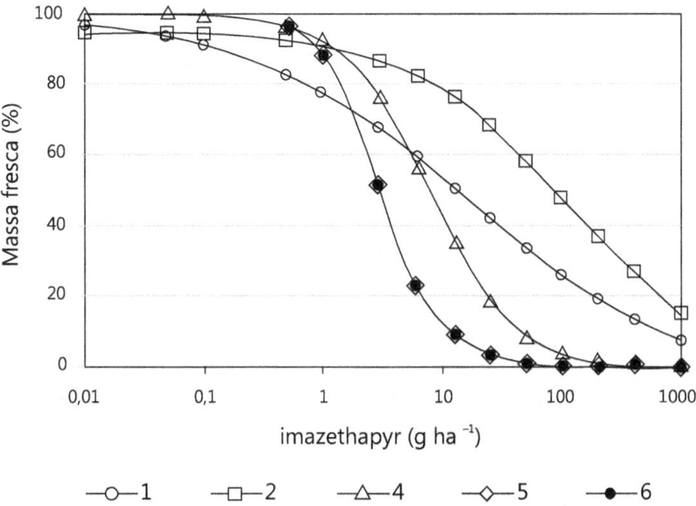

Figura 2 Massa fresca residual (%) de cinco biótipos de picão-preto (*Bidens* spp.) submetidos a diferentes doses do herbicida imazethapyr. Os biótipos 5 e 6 são considerados suscetíveis e os demais, resistentes. Os dados foram ajustados ao modelo 2 (SEEFELDT et al., 1995). Adaptado de López-Ovejero et al. (2006).

Os modelos logísticos apresentam vantagens, uma vez que um dos termos integrantes da equação (*b*) é uma estimativa do valor de C_{50} ou GR_{50} (CHRISTOFFOLETI, 2002). Neste ponto, ressalta-se a importância da aplicação do herbicida sobre plantas dos biótipos resistente e suscetível com o mesmo estádio fenológico, visto que o desenvolvimento da planta pode interferir nesses parâmetros (CHRISTOFFOLETI et al., 2005; RIBEIRO, 2008; DIAS et al., 2013), conduzindo o pesquisador a resultados e conclusões por vezes equivocados.

Embora um dos parâmetros do modelo logístico seja uma estimativa do valor de C_{50} ou GR_{50}, recomenda-se a realização de seu cálculo matemático por meio da equação inversa, conforme discussão proposta por Carvalho et al. (2005). A realização do cálculo matemático permite a correção de eventuais distorções do modelo, oferecendo valores mais próximos dos reais. As equações inversas dos modelos 1 e 2 (equações em função de *y*) são, respectivamente:

$$x = b* \sqrt[c]{\frac{a}{y} - 1} \quad (1) \qquad\qquad x = b* \sqrt[c]{\frac{a}{(y - Pmín)} - 1} \quad (2)$$

Observando-se o modelo log-logístico inverso, nota-se que *b* (estimativa de C_{50} ou GR_{50}) será igual a *x* sempre que o resultado da raiz apresentar valor igual a 1. Assim, ressalta-se que, para que essa condição seja atendida, é necessário que o *y* lançado na raiz seja o ponto médio da curva.

Quando se estudam curvas do tipo dose-resposta, usualmente, o primeiro ponto é a dose zero que tem por resultado zero de controle. Assim, a raiz, no caso de uma curva dose-resposta, será igual a 1 sempre que o *y* lançado for a metade do ponto máximo (ponto médio). Conclui-se que *b* só promoverá fiel estimativa de C_{50} ou GR_{50} quando, em uma curva dose-resposta, o ponto mínimo for igual a 0 e o ponto máximo for estável e igual a 100, uma vez que, neste caso, a condição de raiz igual a 1 será atendida, pois o *y* lançado será 50 (CARVALHO et al., 2005).

Sabendo que nem todas as curvas obtêm como ponto máximo o valor de 100% de controle, recomenda-se a utilização do valor do parâmetro *b* com cautela, privilegiando o cálculo matemático de C_{50} ou GR_{50}. No instante em que se substitui o *y* da equação inversa por 50 (controle de 50% da população) ou pela metade do valor de massa fresca ou seca obtida na dose zero, alcança-se o valor exato de C_{50} ou GR_{50}, respectivamente, em termos de g i.a. ha^{-1}. Da mesma forma, quando substitui-se *y* por 80 ou 20%, obtém-se a dose que proporciona C_{80} ou GR_{80}, respectivamente.

De posse dos valores de C_{50} ou GR_{50}, obtém-se o "Fator de Resistência – F" ou "Nível de Resistência – N", que corresponde à razão entre o C_{50} ou GR_{50} do biótipo resistente e o C_{50} ou GR_{50} do biótipo suscetível. O fator de resistência (F = R/S) expressa o número de vezes em que a dose necessária para controlar 50% da população resistente é superior à dose que controla 50% da população suscetível (HALL et al., 1998; CHRISTOFFOLETI, 2002).

Para que essa metodologia de análise tenha resultados satisfatórios, bem como adequado ajuste dos modelos, alguns detalhes devem ser mencionados. O primeiro, e talvez um dos mais importantes, é a amplitude de doses. Em geral, o número mínimo de doses recomendado para o ajuste de curvas de dose-resposta é quatro, contudo, recomenda-se o uso de pelo menos seis doses, e os melhores ajustes são obtidos com intervalos de oito doses (BURGOS et al., 2013; MOSS, 1999; ZOCCHI, 1998; SEEFELDT et al., 1995).

É importante que as doses sejam proporcionalmente superiores e inferiores à dose recomendada, compreendendo todo o âmbito de resposta da espécie (BURGOS et al., 2013). Nesse tipo de experimento, é muito importante a obtenção de controles máximos o mais próximos possível de 100%; porém, é igualmente importante a obtenção dos controles baixos, principalmente aqueles próximos a C_{50} ou GR_{50}. Em geral, não se consegue ajuste dos dados às equações quando não são obtidos controles inferiores à 50%, justificando a importância das doses inferiores à recomendada, principalmente nos casos em que o biótipo suscetível de planta daninha é muito sensível ao herbicida em estudo. Para Burgos et al. (2013), quando há restrição de parcelas experimentais, melhores resultados são obtidos substituindo-se o excesso de repetições por maior número de doses. Por exemplo, um experimento com dez doses e três repetições (30 parcelas) resultará em melhor conformação da resposta do biótipo que um experimento com seis doses e cinco repetições (também 30 parcelas).

Por se tratar de modelos logarítmicos, recomenda-se que exista proporção geométrica entre as doses, pois isto proporciona a equidistância destas quando projetadas no eixo *x*. Essa medida não é uma regra, porém, sua aplicação geralmente obtém resultados satisfatórios. Para plantas daninhas com susceptibilidade mediana aos herbicidas, tem-se utilizado doses múltiplas de 2, por exemplo: 0D, 1/8D, 1/4D, 1/2D, D, 2D, 4D e 8D (em que D é a dose recomendada do herbicida). Para plantas daninhas mais sensíveis, principalmente para as condições de subdose, pode-se utilizar múltiplos de 4 ou 10.

Ainda, tem-se a possibilidade de julgar os dados do biótipo resistente e suscetível como experimentos independentes, porém, realizados de forma concomitante. Neste caso, as doses não necessitam ser as mesmas para os dois biótipos. Para o biótipo suscetível, são aplicadas mais doses inferiores à recomendada que superiores; enquanto para o biótipo resistente mantémse a proporção igual ou adota-se maior proporção de doses superiores à recomendada.

A maior limitação desse tipo de experimento é o tempo necessário para obtenção dos resultados finais, pois o período entre a coleta das sementes suspeitas de resistência no campo e a avaliação final dos sintomas causados pelos herbicidas aplicados nas plântulas é relativamente longo (vários meses). Normalmente, o agricultor necessita de informações rápidas para que medidas de manejo sejam adotadas, caso a seleção de biótipos resistentes seja confirmada.

Outro problema que pode ocorrer com esse teste relaciona-se com o momento da coleta das sementes no campo, caso não seja possível a distinção entre plantas resistentes e as suscetíveis que eventualmente emergiram após a aplicação do tratamento herbicida; sendo assim, no momento da coleta de sementes é possível que ocorra mistura de sementes de plantas resistentes e suscetíveis. Essa mistura de biótipos resistente e suscetível pode subestimar o nível real de resistência (BOUTSALIS, 2001). Com relação ao estádio de desenvolvimento das plantas, Burgos et al. (2013) recomendam que a aplicação de pós-emergentes seja realizada sobre plantas no estádio recomendado pelo fabricante, geralmente de duas a quatro folhas, com os respectivos surfactantes ou aditivos.

Na atualidade, uma das perguntas mais comuns para especialistas em resistência de plantas daninhas a herbicidas é: quando uma variação na resposta a um herbicida é considerada resistência? Se um herbicida não controla uma população de plantas daninhas na dose que normalmente é recomendada, este pode ser considerado um caso de resistência? De fato, quando uma população possui fator de resistência (F) elevado, ou seja, quando doses 10 vezes superiores à dose recomendada não controlam a população resistente, não há dúvidas de que essa população é resistente. No entanto, quando esse fator é menor, tem-se possibilidade de discussão. O fator de resistência de plantas daninhas ao glyphosate, em geral, é considerado baixo em relação a outros herbicidas que atuam em diferentes sítios de ação; por outro lado, os herbicidas inibidores do fotossistema II, da ALS e da ACCase, apresentam níveis de resistência frequentemente maiores que 100 (GRESSEL, 2000). Este fato conduz à reflexão de que determinações menos criteriosas muitas vezes podem induzir erros de interpretação.

Para que o assunto seja tratado de forma adequada, é importante que a definição de resistência seja analisada não apenas sob o ponto de vista teórico, mas também agronômico, ou seja, se, no campo, o fator de resistência identificado representa um problema de controle para o agricultor (HEAP, 2015). Alguns aspectos podem ser apontados com relação a essa problemática de determinação da resistência de populações com baixo fator de resistência, como: i. a dose recomendada é muitas vezes subjetiva; ii. a dose recomendada baseia-se na maioria das vezes em um conjunto de espécies de plantas menos suscetíveis que ocorrem em associação no campo, sendo esta determinada pelas espécies de menor susceptibilidade; e iii. em casa-de-vegetação, as condições de controle são ideais e muitas vezes no campo estas não ocorrem, superestimando assim o controle alcançável pelo herbicida.

Por exemplo, López-Ovejero (2006), em trabalho desenvolvido com o capim-colchão (*D. ciliaris*), observou que curvas de dose-resposta de populações consideradas resistentes apresentavam a relação R/S maior que 2,0, porém, na dose recomendada as populações resistentes também foram controladas. Neste caso, academicamente, essas populações podem ser consideradas resistentes, porém, sob o ponto de vista agronômico, elas serão problemas apenas para as subdoses do herbicida.

Ainda, para comprovação da resistência, surge muitas vezes o questionamento da necessidade de condução de testes em diferentes gerações de populações submetidas a diversas aplicações sucessivas, sendo as populações subsequentes propagadas a partir de sementes de plantas remanescentes das aplicações anteriores. Esse procedimento é, sem dúvida, uma maneira de demonstrar a existência de populações resistentes, bem como de herdabilidade da resistência, porém, pode superestimar o nível de resistência que ocorre no campo (CHRISTOFFOLETI et al., 2006).

Testes rápidos

Caso o teste descrito no item anterior seja inviável na prática para a determinação da resistência de forma ágil e fácil, são propostos testes rápidos para determinar problemas de resistência e posteriormente, após confirmação, ser possível implementar estratégias de manejo na mesma safra, entressafra e/ou na cultura seguinte (CHRISTOFFOLETI et al., 2006).

Os testes alternativos para detecção da resistência de plantas daninhas a herbicidas incluem: coleta de plantas vivas no campo, germinação em placas de Petri ou caixas plásticas (gerbox), testes com partes de plantas, fluorescência de clorofila e sequenciamento enzimático. Na Tabela 1 estão sumarizados os principais métodos de caracterização da resistência, apontando suas aplicações e limitações de uso.

Outra forma bastante utilizada de estudar os mecanismos de resistência, envolvendo absorção, translocação e metabolismo diferencial, são estudos de radioatividade, por exemplo, com ^{14}C-glyphosate. Neste sentido, Feng et al. (2004) demonstraram que a aplicação de glyphosate radioativo em todas as partes da planta representa uma simulação mais próxima da realidade de campo do que a utilização de microgotas em folhas isoladas. Estudos de autorradiografia também permitem que seja analisada a distribuição dos herbicidas que possuem translocação nas plantas. Eles permitem que sejam feitas conclusões da translocação diferencial entre biótipos resistente e suscetível que tenham como causa de resistência a translocação diferencial (CHRISTOFFOLETI et al., 2006).

Embora haja várias formas alternativas de detecção da resistência, o teste de curvas de dose-resposta em casa-de-vegetação continua sendo o mais apropriado, pois simula o que ocorre realmente no campo e é eficiente independentemente do mecanismo de resistência envolvido (MOSS, 1999).

Tabela 1 Listagem do nível, finalidade, descrição e algumas observações/limitações dos principais métodos de caracterização da resistência de plantas daninhas a herbicidas (CHRISTOFFOLETI et al., 2006).

Nível	Finalidade	Descrição	Observações/limitações
Molecular - Bioquímico	Translocação diferencial	Segmentação das principais partes da planta e medida da concentração do herbicida na parte aplicada da planta x demais partes.	Análise da radioatividade do herbicida translocadonos diferentes segmentos da planta
	Absorção diferencial	Lavagem das folhas após aplicação e medida da quantidade de herbicida retido pela planta x quantidade lavada.	Utilização de produtos radioativos, avaliados por meio da lavagem do produto da superfície foliar após aplicação.
	Metabolismo diferencial	Análise dos metabólitos e produto original, normalmente analisado por HPLC (estudos radioativos ou outros).	O método deve estar baseado em conhecimentos dos processos metabólicos envolvidos na degradação do herbicida.
	Afinidade do herbicida com o sítio de ação/eficiência na inibição do sítio de ação	Teste *in vitro* envolvendo a enzima das plantas resistentes e suscetíveis.	Acúmulo de substratos que antecede a reação enzimática inibida, exigindo protocolos bioquímicos[1].
	Emissão de fluorescência	As plantas resistentes emitem fluorescência diferenciada resultante da resistência.	Utilizada para os herbicidas inibidores do fotossistema II
Planta sob condições controladas	Curvas de dose-resposta	Condições de casa-de-vegetação ou câmara de crescimento, utilizando populações "refinadas" com resistência incrementada, após várias gerações.	Limitadas a condições controladas
	Germinação	Condições de câmara de germinação	Utilizada para testes com herbicidas que inibem a germinação, principalmente pré emergentes.
	Parte aérea das plantas	*Quick test* – envolvendo transplante em condições controladas	Utilizada principalmente para os herbicidas inibidores da ACCase e gramíneas
Populações no campo	Testes de eficácia de herbicidas em condições agronômicas	Comparação de tratamentos recomendados do herbicida com suspeita de resistência em diferentes doses x herbicidas alternativos x misturas de herbicidas	Testes necessários para confirmar a importância agronômica da resistência

1. Para os herbicidas cujo mecanismo de ação envolve o bloqueio de uma reação bioquímica em nível enzimático, provocando, como consequência, aumento nos níveis celulares do substrato que antecede a ação desta enzima.

Bioensaio para determinação da sensibilidade enzimática

Diversos métodos de pesquisa estão sendo estudados com o objetivo de identificar a resistência de plantas daninhas aos herbicidas em forma rápida. Gerwick et al. (1993), Simpson et al. (1995) e Lovell et al. (1996) desenvolveram um teste para diagnóstico rápido com o objetivo de se detectar a resistência aos herbicidas inibidores da ALS, por meio de um ensaio com a ALS no qual o ácido ciclopropanodicarboxílico (CPCA) é usado para inibir a cetoácido reductoisomerase (KARI), enzima que catalisa a reação seguinte do acetolactato na cadeia de biossíntese dos aminoácidos valina, leucina e isoleucina. Desta forma, três dias após a aplicação dos herbicidas, é possível verificar se a planta é realmente resistente ou não aos herbicidas inibidores da ALS. O bioensaio é bastante simples, pois os reagentes podem ser facilmente obtidos em empresas que revendem produtos laboratoriais, e os equipamentos necessários não são sofisticados (MONQUEIRO e CHRISTOFFOLETI, 2001; CHRISTOFFOLETI, 2001).

No caso dos herbicidas inibidores da EPSPs, o processo analítico para determinar o shiquimato usa a extração com HCl por 24 h, seguida por cromatografia líquida, com boa recuperação do ácido shiquímico. Essa metodologia tem boa possibilidade de estudos conclusivos sobre mecanismos de resistência. Feng et al. (2004) examinaram a eficiência de inibição da EPSPs por meio da medida do nível celular de ácido shiquímico relativo ao do glyphosate. Foi possível provar que plantas R e S de *Conyza canadensis* apresentam, de forma semelhante, elevados níveis de shiquimato, sugerindo que o mecanismo de resistência não está relacionado com a insensibilidade da enzima.

Estudando a resistência de *Alopecurus myosuroides* aos herbicidas inibidores da ACCase, Price et al. (2003) realizaram a purificação da principal isoforma da ACCase presente nos cloroplastos das plantas resistentes. Observaram que a enzima do biótipo resistente foi 200 vezes menos sensível que a enzima do biótipo suscetível, quando submetidas aos herbicidas FOP e PROP (ácidos ariloxy-phenoxy-propiônicos), notadamente ao quizalofop. A partir desses resultados, concluíram que a resistência do biótipo de *A. myosuroides* se deve à insensibilidade enzimática. Resultados semelhantes foram obtidos por Cocker et al. (2000), correlacionados com a resistência de *Avena* spp. aos inibidores da ACCase.

Testes de sequenciamento enzimático

Vários casos de resistência de plantas daninhas a herbicidas são resultados de mutações enzimáticas, selecionadas por meio das aplicações de herbicidas, principalmente envolvendo os inibidores da ALS e ACCase. Naturalmente, em uma população de plantas, podem existir indivíduos cujas enzimas são diferentes das dos demais, muitas vezes em consequência da substituição de um único aminoácido. Essas enzimas mutantes podem ser mais ou menos tolerantes ao herbicida, ou até mesmo insensíveis, sendo então selecionadas pelo herbicida.

Assim sendo, caso mutações sejam identificadas nas enzimas insensíveis aos herbicidas, o padrão de alteração dos aminoácidos, bem como a sequência de DNA responsável por essa síntese, pode ser utilizado como uma alternativa rápida de detecção da resistência. Para tanto, a técnica de reações polimerásicas em cadeia ("polymerase chain reaction" – PCR) é o método mais amplamente utilizado para a amplificação rápida e precisa de fragmentos específicos de DNA. Além disso, o método de PCR também pode ser utilizado para a detecção de mutações específicas (WAGNER et al., 2002).

Délye et al. (2002) conduziram experimentos com o objetivo de desenvolver um método simples de PCR alelo-específico para detecção da substituição de isoleucina por leucina no gene codificador da ACCase cloroplástica de plantas de *Lolium rigidum* e *Alopecurus myosuroides* resistentes aos inibidores da ACCase. Observaram que a detecção pode ser feita de maneira satisfatória em plantas provenientes de populações coletadas em áreas agrícolas utilizando-se a técnica de PCR, um laboratório básico de biologia molecular e um dia de trabalho.

Resultados satisfatórios também foram obtidos com o uso do método de PCR para detecção de plantas de *Setaria viridis* resistentes aos inibidores da síntese de tubulina (trifluralina) (DÉLYE et al., 2005) e uso de métodos adaptados ou sequenciais, tais como a amplificação de alelos específicos (PASA) ou a desnaturação com cromatografia líquida de alta performance, para detecção de plantas *Amaranthus* spp. resistentes aos herbicidas inibidores da ALS (SIMINSZKY et al., 2005; WAGNER et al., 2002).

Como pontos positivos do método, destacam-se: os testes podem ser conduzidos a partir de material vivo ou morto; a amostra pode ser feita em pequena quantidade; não há exigência quanto à coleta de sementes; e o período para a obtenção de um diagnóstico é curto (DÉLYE et al., 2002; 2005). Por outro lado, os pontos negativos são: exigência de conhecimentos sobre biologia molecular e governança genética da resistência; e necessidade de equipamentos caros e sofisticados, que muitas vezes não estão disponíveis em locais próximos às lavouras.

Syngenta quick-test (QT)

O teste rápido (Syngenta Quick-Test – QT) supera os problemas do teste em condições controladas utilizando sementes coletadas no campo, uma vez que utiliza plantas que não foram controladas pelo herbicida após sua aplicação na lavoura. Os resultados são possíveis de ser obtidos de 1 a 4 semanas após o início do teste (BURGOS et al., 2013). Até o momento, este tipo de teste tem sido feito com herbicidas aplicados em condições de pós-emergência. Para plantas daninhas do tipo gramíneas, pode-se utilizar plantas ainda não perfilhadas ou perfilhadas e, nesse caso, usam-se plantas com 2 ou 3 afilhos, descartando o resto da planta. Também, para este teste rápido é necessário que sejam obtidas plantas consideradas suscetíveis da mesma espécie. De modo geral tomam-se cerca de 50 plantas de cada biótipo (resistente – R e suscetível – S) em estádio vegetativo.

Posteriormente à coleta das plantas no campo, estas são transportadas para os locais onde será feito o teste (normalmente condições controladas) e transplantadas para vasos onde as plantas são preparadas para que ocorra o processo de formação de tecidos novos (Figura 3). Em poucos dias ocorre a regeneração. Quando, no caso de gramíneas, as folhas novas atingirem de 5 a 7 cm, os tratamentos são aplicados, por meio da pulverização do herbicida em teste.

Figura 3 Detalhe de teste rápido instalado a partir de touceiras formadas de gramíneas. Formação da muda e instalação da parcela experimental. Piracicaba, 2005 (CARVALHO, 2005 – Acervo pessoal).

As plantas manifestarão a suscetibilidade ou resistência, por meio de uma avaliação visual, usando uma escala com variações entre 0 e 100% (0 = sem dano; 100% = controle total) (BOUTSALIS, 2001). Para dicotiledôneas, o teste também é possível (WALSH, 2001), mas a capacidade de recuperação varia de espécie para espécie, e o tamanho das raízes e caule a serem deixados no momento de preparo da planta para transplante deve ainda ser estabelecido para as diferentes espécies.

A vantagem deste método está ligada a sua rápida resposta, visto que são usadas as próprias plantas suspeitas de resistência, em forma regenerada. O principal problema é o estádio da planta daninha na reaplicação, que é frequentemente avançado e pode afetar a resposta ao herbicida. Ainda, não há vantagem quanto ao espaço e número de parcelas experimentais, visto que também é necessária a instalação de diversos vasos em casa-de-vegetação. Após a confirmação de que em determinada área ocorre a presença de um biótipo resistente em níveis de infestação elevados que determinam a ineficiência do herbicida anteriormente eficaz, é importante que medidas de manejo e de prevenção da incidência de biótipos resistentes sejam adotadas.

Testes germinativos

Carvalho et al. (2004) conduziram experimento com o objetivo de desenvolver uma metodologia prática de identificação de biótipos resistentes de *Bidens* spp. aos herbicidas inibidores da ALS por meio de testes germinativos em solução herbicida. Trabalhos semelhantes foram conduzidos por Cirujeda et al. (2001) e Kim et al. (2000), para a resistência de *Papaver rhoeas* ao thibenuron-methyl e de *Echinochloa colona* aos herbicidas propanil e fenoxaprop, respectivamente. Concenço et al. (2008) utilizaram técnica semelhante para avaliar a suscetibilidade de capim-arroz (*Echinochloa* spp.) ao herbicida quinclorac.

O princípio desse tipo de análise da resistência é a exposição de sementes (eventualmente pré-germinadas) dos biótipos resistente e suscetível de plantas daninhas aos herbicidas de interesse, visando quantificar o desenvolvimento das plântulas. Dentre as principais vantagens da técnica destacam-se o curto tempo de resposta (de 7-14 dias) e o baixo investimento necessário (desde que exista uma câmara de germinação disponível).

De posse das exigências de cada espécie para o processo de germinação (luz e temperatura), distribui-se quantidade constante de sementes em caixas plásticas (Gerbox) ou placas de Petri, expondo-as às condições ideais de germinação, em câmaras. O substrato de crescimento das plântulas pode ser papel mata-borrão ou concentrados de ágar. Também, as sementes podem ser irrigadas desde o início com a solução herbicida, ou esta pode ser administrada após o início da germinação.

Com relação às variáveis, recomenda-se a adoção do comprimento de radícula, comprimento de plântula, porcentagem de germinação ou massa seca de plântulas. Caso não se tenham relatos na literatura sobre experimentos desse tipo com a espécie que se deseja avaliar a resistência, inicialmente é conveniente conduzir curvas de dose-resposta, com o objetivo de identificar as doses que correspondem à maior amplitude de resposta das variáveis amostradas. Posteriormente, a adoção de uma ou duas doses será suficiente para a determinação da resistência (Tabela 2).

Tabela 2 Comprimento médio radicular (cm) de quatro biótipos de picão-preto (*Bidens* spp.), um suscetível e três resistentes aos herbicidas inibidores da ALS, após germinação em água, solução de imazaquin (87,5 mg L^{-1}) e solução de metribuzin (300 mg L^{-1}) (CARVALHO et al., 2004).

Biótipos	Soluções		
	água	imazaquin	metribuzin
Suscetível	2,355 A a	0,820 B b	1,370 B a
Resistente 1	1,960 A a	1,923 A a	1,097 B a
Resistente 2	2,700 A a	1,835 B a	1,575 B a
Resistente 3	2,450 A a	1,750 AB a	1,730 B a

* Valores seguidos por letras maiúsculas iguais na linha (DMS = 0,701) ou minúsculas iguais na coluna (DMS = 0,754) não diferem segundo teste de Tukey (a = 0,01).

Moss (1999) comenta que os testes para detecção da resistência de plantas daninhas a herbicidas por meio de germinação em caixas plásticas ou placas de Petri com solução herbicida podem ser mais convenientes, baratos e rápidos que os testes convencionais (curvas de dose-resposta em casa-de-vegetação), porém, não são ajustáveis para todas as plantas daninhas e herbicidas.

Fluorescência de clorofila

Durante a fase fotoquímica (luminosa) da fotossíntese, a clorofila das plantas absorve luz solar e transforma essa energia em estado de excitação de elétrons. Os elétrons excitados e com elevado nível energético se desprendem do complexo clorofílico, sendo então transportados por aceptores e transportadores. Durante essa fase da fotossíntese, tem-se a produção de ATPs e NADPH, que serão utilizados na fase bioquímica ("escura") da fotossíntese.

Caso a fotossíntese se dê em presença dos herbicidas inibidores do fotossistema II (PSII), o transporte dos elétrons energéticos é bloqueado, por meio da inibição do transportador Qb. Neste caso, a energia captada pela clorofila não segue o caminho habitual, sendo então dissipada por meio da fluorescência. Assim sendo, o princípio envolvido no uso da fluorescência da clorofila para detecção de plantas daninhas resistentes a herbicidas é bastante simples: plantas suscetíveis têm o transportador Qb bloqueado na presença do herbicida e, portanto, manifestam maiores níveis de fluorescência que as plantas resistentes. Nas plantas resistentes, o bloqueio do transportador Qb é reduzido e o elétron pode seguir a rota convencional da fotossíntese, mesmo em presença dos herbicidas.

Neste sentido, Norsworthy et al. (1998) estudaram a aplicabilidade do uso de fluorescência de clorofila para a detecção de biótipos de *Echinochloa crus-galli* resistentes ao herbicida propanil (PSII). Observaram que os biótipos resistente e suscetível podem ser facilmente diferenciados por este método 22 horas após os tratamentos. Ainda, identificaram que o método permanece viável mesmo quatro dias após a colheita do material, o que permite que as amostras sejam colhidas no campo e avaliadas quanto à resistência dentro de poucos dias.

Considerações Finais

A detecção da resistência é fundamental para a correta implementação das diferentes estratégias de manejo de populações de plantas daninhas. Testes que permitam a detecção rápida da resistência são fundamentais para que sejam implementadas ações rápidas no campo com o intuito de fazer a contenção ou erradicação da população de plantas daninhas suspeitas. Contudo, para que as informações sejam confiáveis, é de suma importância que os experimentos sejam realizados com rigor e dentro de padrões e métodos confiáveis.

Herbicidas: Dinâmica no Ambiente

6

Jussara B. Regitano
Robson R. M. Barizon
Rafael M. P. Leal

Introdução

O conhecimento acerca dos processos de retenção, mobilidade e persistência de herbicidas no ambiente tem implicações diretas no controle de plantas daninhas, na determinação do seu efeito residual, bem como na sustentabilidade da produção agrícola e na qualidade ambiental. Desse modo, o entendimento apropriado da dinâmica desses compostos no solo é de extrema importância, tanto para o controle mais eficiente e seguro das plantas daninhas quanto para a prevenção de efeitos negativos ao ambiente. Tal cenário se mostra especialmente importante no momento atual, em que a produção agrícola enfrenta o desafio de ser cada vez mais eficiente, compatibilizando produtividade com sustentabilidade.

O solo atua como "depósito final" dos herbicidas empregados na agricultura, pois, mesmo quando aplicados na parte aérea das plantas, acabam atingindo o solo. Uma vez no solo, são os processos de retenção, transformação e transporte que controlarão a dinâmica desses compostos, ditando sua disponibilidade na solução do solo, sua persistência e as possibilidades de transferência para o meio aquático. Esses processos são, por sua vez, governados pelas propriedades físico-químicas da molécula (estrutura molecular, tamanho, forma, solubilidade, especiação, hidrofobicidade, etc.) e do solo (pH, textura, matéria orgânica, etc.), além das condições edafo-climáticas e de manejo da área (OLIVEIRA JR e REGITANO, 2009).

A carência de informações em português sobre as metodologias de referência empregadas nos estudos de dinâmica de herbicidas no ambiente motivou a escrita do presente capítulo, o qual foi elaborado com o objetivo de apresentar a descrição detalhada dos principais procedimentos a serem seguidos nos ensaios para determinação da sorção, da mobilidade e do efeito residual de herbicidas no solo.

Ensaios para determinação da sorção e dessorção de herbicidas

Retenção refere-se à habilidade do solo em reter um composto, no caso os herbicidas, prevenindo seu transporte dentro e fora da matriz do solo. Adsorção é definida como o acúmulo do herbicida (ou outros compostos) nas interfaces solo-água ou solo-ar, sendo frequentemente citada como um processo reversível de atração do composto pelas partículas do solo por um período que depende da atração entre eles. Moléculas de pesticidas podem adsorver por vários mecanismos, tais como as forças de van der Waals, pontes de hidrogênio, interações dipolo-dipolo, troca iônica, ligação covalente, ponte de cátions e partição hidrofóbica. Normalmente, o processo de adsorção envolve uma série desses mecanismos concomitantemente, com um deles predominando em determinada condição. A precipitação refere-se à formação de um sólido (precipitado), o que ocorre quando uma substância insolúvel é formada na solução em virtude de uma reação química ou quando a solução for supersaturada em relação a essa substância. Já a absorção refere-se a um fenômeno ou processo físico ou químico em que átomos, moléculas ou íons introduzem-se em alguma outra fase, normalmente mais massiva, e fixam-se. Portanto, aqui será preferido o termo "sorção", que se refere ao processo de retenção de forma geral, sem distinção entre os processos específicos de adsorção, absorção e precipitação (KOSKINEN e HARPER, 1990).

Sorção-dessorção é um processo dinâmico em que as moléculas de herbicidas são continuamente transferidas da solução para a fase sólida do solo, em equilíbrio dinâmico. Normalmente, a reação cinética de dessorção é mais lenta que a de sorção, o que é denominado de histerese. Os estudos de sorção-dessorção geram informações importantes sobre a mobilidade e a distribuição do herbicida nos vários compartimentos da biosfera. Eles podem ser usados para predizer ou estimar a disponibilidade do herbicida para a degradação, transformação ou absorção pelos microrganismos, a lixiviação no perfil do solo, a volatilização e o escoamento superficial para fontes de águas naturais, por meio de modelos matemáticos ou não. Além disto, esses estudos também servem para fins comparativos.

De forma geral, a distribuição do herbicida entre as fases líquida e sólida do solo é um processo complexo, que depende primariamente das propriedades físico-químicas do solo e do herbicida, das condições climáticas e de manejo do solo. Portanto, o objetivo desse tipo de ensaio é estimar o comportamento sortivo dos herbicidas nos solos, que é usado para predizer sua partição em várias condições ambientais. Para tal, valores de coeficiente de sorção (K_d) obtidos em condições de equilíbrio devem ser determinados em vários solos com diferentes atributos físico-químicos (por exemplo, teores de carbono orgânico, argila, textura e pH). Outros parâmetros do solo também podem impactar a sorção de um herbicida em particular, como a CTC, os teores de óxidos de Fe e Al, principalmente em solos vulcânicos e tropicais, e superfície específica.

Os procedimentos para determinação da sorção e dessorção dos pesticidas foram descritos primariamente conforme OECD, 2000 (Guideline 106). O teste normalmente compreende três etapas:

1. Estudo preliminar: realizado para estabelecer a relação solo:solução, o tempo necessário e a quantidade de herbicida sorvida em equilíbrio, a quantidade sorvida nos frascos e a estabilidade da substância teste.

2. Teste de seleção: no Brasil, a sorção é estudada em quatro tipos de solos diferentes por meio de estudo cinético em uma única concentração para determinação do coeficiente de distribuição (K_d).

3. Determinação das isotermas de sorção de Freundlich para determinar o efeito da concentração na extensão da sorção nos solos. Pode também envolver estudos de dessorção por meio do estudo cinético ou isotermas de Freundlich.

Princípio do método

Um volume conhecido da substância teste, radioativa ou não, com concentração conhecida e preparada em solução de $CaCl_2$ 0,01 mol L^{-1}, é adicionada a amostras de solo com pesos seco em estufa conhecidos, que foram pré-equilibradas com $CaCl_2$ 0,01 mol L^{-1} (etapa não obrigatória). A mistura é agitada por tempo apropriado para atingir o equilíbrio, sendo a suspensão de solo separada por centrifugação (ou filtração) e a fase aquosa analisada para determinar a concentração do herbicida em equilíbrio (C_e). A quantidade de herbicida sorvida (S) é calculada pela diferença entre a concentração inicial (C_i) e C_e, expressa em unidade de massa de solo. Para tal, precisa-se levar em consideração a relação solo:solução utilizada. Como opção, S pode ser diretamente determinada pela análise direta do solo, envolvendo processos de extração ou combustão e contagem por cintilação líquida quando material radioativo é utilizado. A determinação direta de S é crucial quando C_e não pode ser determinada com exatidão, o que ocorre quando a substância teste sorve aos frascos de sorção, ou ela é instável, ou ainda quando a sorção é muito baixa ou muito alta. Esses estudos devem ser conduzidos a temperatura ambiente, preferencialmente constante entre 20 e 25°C. Além disso, a centrifugação deve permitir a remoção de partículas > 0,2 mm da solução do solo.

Este estudo é de difícil aplicabilidade quando a substância teste é instável durante o tempo de ocorrência do estudo; ou quando ela apresenta baixa solubilidade em água (S_w < 0,1 mg L^{-1}) ou muitas cargas; ou quando a substância é volátil.

Os métodos analíticos que podem ser usados para a quantificação da sorção incluem: cromatografia gasosa (GC), cromatografia líquida de alta resolução (HPLC), espectrometria de massas (GC/MS ou HPLC/MS) e contagem de cintilação líquida (para substâncias radioativas). Independente do método, a recuperação tem de variar de 90 a 110%, e o limite de detecção do método deve ser duas ordens de magnitude menor que a concentração testada.

Informações sobre a substância teste

Os reagentes devem apresentar grau analítico e pureza da substância teste > 95%, sendo as seguintes informações necessárias: solubilidade em água, pressão de vapor, hidrólise em função do pH, coeficiente de partição n-octanol/água (K_{ow}), biodegradabilidade, constante de dissociação para moléculas ionizáveis (pK_a), fotólise em água e fotodegradação no solo.

A substância teste deve ser preparada em solução de CaCl$_2$ 0,01 mol L^{-1} em água destilada ou deionizada para melhorar a centrifugação e minimizar a troca catiônica, sendo a concentração da solução estoque três ordens de magnitude maior que o limite de detecção do método, mas precisa estar abaixo do valor da solubilidade em água. Recentemente, vários trabalhos têm usado solução de CaCl$_2$ 0,005 mol L^{-1}, por evidências de que esta concentração representa melhor a força iônica da solução do solo. Preferencialmente, deve ser preparada logo antes da aplicação e, se necessário, mantida no escuro a 4°C até seu período de estabilidade. Para substâncias com baixa solubilidade (< 0,1 mg L^{-1}), pode-se usar um agente solubilizante, desde que seja miscível em água (exemplos: metanol e acetonitrila), que sua concentração não ultrapasse 1% do volume da solução estoque e, preferencialmente, não ultrapasse 0,1% da solução em contato com o solo. Além disso, não pode ser um surfactante.

Informações sobre os solos

Os solos precisam ser caracterizados, no mínimo, pelos três parâmetros considerados amplamente responsáveis pela capacidade sortiva dos solos: carbono orgânico, argila (textura) e pH. Esses parâmetros precisam ser determinados de acordo com métodos-padrão. Os solos (quatro tipos) precisam ser selecionados de forma a representar solos típicos de nosso território, mas apresentando contrastes nos atributos físico-químicos. Para substâncias ionizáveis, os solos devem cobrir amplo intervalo de valores de pH. Para a coleta do solo, que é feita no horizonte A (profundidade máxima de 20 cm), é importante conhecer o histórico da área no campo, o local (com coordenadas geográficas), a cobertura vegetal, os tratamentos com pesticidas e fertilizantes e/ou problemas de contaminação. Amostras de solo frescas devem ser preferencialmente coletadas e secas ao ar, em temperatura ambiente (preferencialmente 20-25°C) e peneiradas a 2 mm, com o mínimo de força. A umidade do solo deve ser determinada (a 105°C) para que possa ser calculado o peso seco ao forno. Se as amostras forem armazenadas por mais de três anos, é necessário reanalisar o teor de carbono orgânico, a CTC e o pH.

Estudo preliminar

Dois tipos de solo (um com alto teor de carbono orgânico e baixo de argila e outro com baixo teor de carbono orgânico e alto de argila) e três relações solo:solução (50 g: 50 mL (1:1), 10 g: 50 mL (1:5) e 2g: 50 mL (1:25)) são sugeridos, sendo recomendado o uso de no mínimo 1 g de solo, preferencialmente 2 g, em duplicata. O uso de um controle contendo somente a substância teste em solução de $CaCl_2$ 0,01 mol L^{-1} é fundamental para checar a estabilidade da substância teste e sua possível sorção aos frascos usados no teste. O uso de um branco (solo sem a substância teste) serve para detectar a presença de compostos interferentes e a contaminação prévia do solo. Os métodos usados no teste preliminar e no estudo principal devem ser os mesmos, com exceções quando necessário. As amostras de solo secas ao ar são equilibradas com 45 mL de solução de $CaCl_2$ 0,01 mol L^{-1} (12 h, durante a noite) e, posteriormente, a solução estoque contendo a substância teste será adicionada de forma que: (a) não exceda 10% do volume final da fase aquosa (no caso, 0,1 x 50 mL = 5 mL), (b) a concentração da substância teste em contato com o solo seja duas ordens de magnitude maior que o limite de detecção do método, o que garante exatidão do método mesmo quando 90% do produto é sorvido, e, (c) preferencialmente, a concentração inicial não exceda metade do valor da solubilidade em água. Além disso, o valor de pH da fase aquosa deve ser medido antes e após o contato com o solo, uma vez que afeta o potencial de sorção das substâncias ionizáveis. Finalizando, a mistura deve ser agitada até atingir equilíbrio, sendo que o período de 24 h é normalmente suficiente. O tempo de equilíbrio pode ser estabelecido por meio do método paralelo (em que vários frascos são preparados independentemente para os diferentes períodos de amostragens no estudo de cinética, como sugestão: 2, 4, 8, 12, 24 e 48 h) e do método em série (em que apenas uma amostra em duplicata é preparada para cada relação solo:solução para as diferentes amostragens do estudo de cinética. Neste caso, o volume total das alíquotas removidas não deve exceder 1% do volume da fase aquosa). As porcentagens da substância sorvida em relação à concentração inicial são calculadas e traçadas *versus* o tempo, de forma a poder observar a formação do platô (que corresponde ao tempo de equilíbrio). A partir daí, o valor de K_d(K_d = S/C_e, L kg^{-1}) em equilíbrio é calculado, e a relação solo:solução é estabelecida com base na Figura 1, de forma que a quantidade sorvida seja > 20%, preferencialmente > 50%. Por exemplo, de acordo com a Figura 1, para a razão solo:solução de 1:1 e K_d = 10 L kg^{-1}, tem-se que aproximadamente 90% do herbicida foi sorvido. Para obter cerca de 60% de sorção e o mesmo valor de K_d, deve-se, então, usar a razão de 1:5.

Se o platô não for atingido, isto pode se dever a fatores complicadores, tais como a ocorrência de biodegradação ou de difusão lenta. Biodegradação pode ser comprovada repetindo o experimento com solos esterilizados.

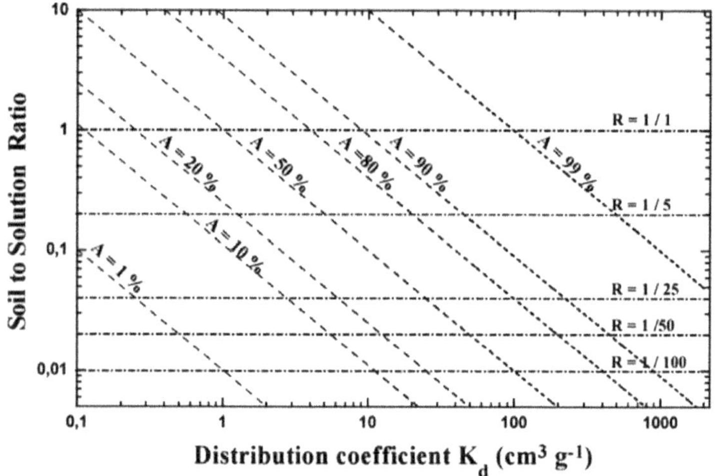

Figura 1   Relação entre a razão solo:solução e K_d para diferentes porcentagens sorvidas do herbicida.

Pela análise do tratamento controle (só a substância teste, sem solo) pode-se obter informações sobre a sorção da substância teste aos frascos utilizados no estudo e sua estabilidade. A perda da molécula maior que o erro-padrão do método sugere a ocorrência de degradação abiótica ou sorção às paredes do frasco. A distinção entre os dois pode ser feita pela lavagem das paredes dos frascos com volume conhecido de um solvente apropriado.

Se for confirmada a sorção às paredes do frasco, há necessidade de trocar o material dos frascos utilizados, sendo que a informação sobre a quantidade sorvida não pode ser incorporada aos estudos, pois a presença do solo geralmente reduz essa sorção. Caso contrário, fica comprovada a instabilidade abiótica da substância teste. Outra forma de comprovar diretamente essa instabilidade é fazendo o balanço de massas, que se baseia na lei da conservação de massa; ou seja, que matéria não pode desaparecer ou ser criada espontaneamente. Portanto, se o balanço de massas for menor que 90%, a substância teste é considerada instável na escala de tempo do teste.

Estudo da cinética de sorção em uma única concentração da substância teste

Neste caso, solos com atributos físico-químicos distintos são selecionados, sendo que o tempo de equilíbrio, a relação solo:solução e a concentração da substância teste serão escolhidos com base no teste preliminar. As análises devem ser feitas preferencialmente nos períodos de 2, 4, 6, 8, 10, 24 e 48 h. Novamente, a porcentagem sorvida é traçada *versus* o tempo para a obtenção do valor de K_d em equilíbrio. O valor linear de K_d descreve o comportamento sortivo da substância teste e permite inferir sobre a mobilidade do herbicida no solo. Moléculas com $K_d < 5,0$ L kg^{-1}, e principalmente aquelas com $K_d < 1,0$ L kg^{-1}, são consideradas qualitativamente móveis, desde que apresentem valor de meia vida ($t_{1/2}$) > 14-21 d. De acordo com análise de erro, valores de $K_d < 0,3$ L kg^{-1} não podem ser medidos com exatidão, mesmo quando a relação solo:solução de 1:1 é utilizada. Portanto, é recomendado que o estudo do comportamento sortivo no solo e seu potencial de mobilidade seja feito pela determinação das isotermas de sorção de Freundlich.

> Observação: Esta etapa do estudo pode ser suprimida, uma vez que o valor de K_d em uma única concentração pode ser obtido do estudo de isoterma de sorção de Freundlich.

Estudo das isotermas de sorção

As isotermas de sorção são importantes porque permitem avaliar o efeito da concentração no comportamento sortivo do composto de interesse. Neste caso, normalmente cinco concentrações da substância teste (herbicidas) são usadas, cobrindo preferencialmente duas ordens de magnitude, sendo que a solubilidade em água e a concentração da solução em equilíbrio (C_e) devem ser consideradas. A mesma relação solo:solução deve ser empregada no estudo. O teste é realizado conforme anteriormente descrito Estudo Preliminar, sendo que a fase aquosa é medida somente uma vez, no tempo necessário para atingir o equilíbrio. A quantidade sorvida por unidade de massa (S) é normalmente determinada pela diferença entre a concentração inicial e C_e, levando-se em consideração a relação solo:solução. Neste caso, S é traçado em função de C_e, sendo que o modelo de Freundlich é um dos mais frequentemente usados para descrever o processo de sorção. Trata-se de um equação exponencial empírica, em que a quantidade sorvida é diretamente proporcional a C_e.

$$S = K_f C_e^{\,N}$$

em que K_f = coeficiente de sorção de Freundlich e N = coeficiente exponencial do modelo, mas correspondem a constantes empíricas. Por simplicidade de cálculo, a equação de Freundlich é apresentada na forma linearizada (vide abaixo):

$$\text{Log } S = \log K_f + N \log C_e$$

Quando N = 1, a equação torna-se linear e, portanto, K_f torna-se igual a K_d. No entanto, o valor de N é usualmente menor que 1, o que demonstra seu comportamento curvilíneo. Ou seja, o potencial de sorção diminui à medida que a concentração aumenta, provavelmente pela saturação dos sítios de sorção. Vários dados compilados sugerem que N normalmente varia entre 0,75 e 0,95.

> *Observação*: No entanto, é importante salientar que a comparação entre valores de K_f só é possível quando eles apresentarem a mesma unidade, ou seja, o mesmo valor de N.

Estudo da cinética de dessorção

A proposta deste experimento é investigar se o herbicida é sorvido de forma reversível ou irreversível ao solo. Esta informação também é muito importante, pois tem papel fundamental em seu comportamento no campo. Como para a sorção, o estudo de cinética de desorção pode ser desenvolvido por dois métodos: paralelo e em série. No primeiro, várias amostras paralelas devem ser preparadas para os diferentes períodos estabelecidos para o estudo. Primeiro, as misturas de solo com a solução de herbicida devem ser agitadas até atingirem o equilíbrio sortivo e, então, centrifugadas; o máximo da solução aquosa deve ser removido, sendo o volume reposto com solução pura de $CaCl_2$ 0,01 mol L^{-1} (sem o herbicida) e a nova mistura agitada – por exemplo, a concentração do primeiro tubo avaliada após 2 h, a do segundo tubo após 4 h, a do terceiro tubo após 6 h, e assim por diante, até atingir o equilíbrio. Já no método em série, as alíquotas para medição da cinética de dessorção são retiradas subsequentemente, nos diferentes períodos (por exemplo, 2, 4, 6, 12, 24 e 48 h), do mesmo tubo, sendo o volume reposto também com solução de $CaCl_2$ 0,01 mol L^{-1}. O volume de cada alíquota individual não deve ultrapassar 1% do volume total.

O plote das porcentagens sorvidas e dessorvidas *versus* o tempo permite estimar a reversibilidade do processo. A reação de sorção é considerada reversível quando o equilíbrio de dessorção é atingido dentro de duas vezes o tempo para atingir o equilíbrio de sorção e a quantidade total dessorvida for maior que 75% da quantidade sorvida (Figura 2). Neste caso, a quantidade dessorvida correspondeu a 60% da quantidade sorvida mesmo após quatro vezes o tempo de equilíbrio na sorção, o que significa que a reação não é reversível.

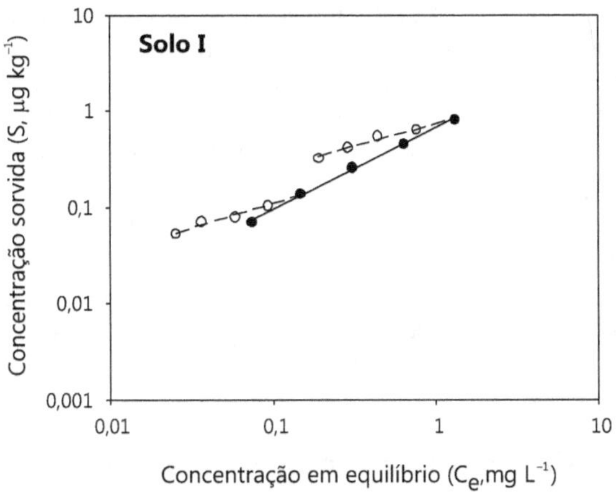

Figura 2 Sorção (24 h) e dessorção (96 h) do herbicida hexazinona.

Estudo das isotermas de dessorção

As isotermas de dessorção de Freundlich nos solos usados para as isotermas de sorção são obtidas da mesma forma que no estudo de cinética, com a única diferença de que a fase aquosa é analisada uma única vez, após atingir o equilíbrio de dessorção. Então, a quantidade de herbicida que permaneceu sorvida no solo após o equilíbrio é plotada em função da concentração da solução em equilíbrio.

Ensaios para determinação da mobilidade de herbicidas em solos

A mobilidade de herbicidas no solo representa um importante processo para a compreensão da dinâmica desses compostos no ambiente, podendo acarretar na contaminação de compartimentos ambientais, como os recursos hídricos. A presença de herbicidas em corpos hídricos tem sido constatada tanto no Brasil quanto em outras partes do mundo e configura um importante desafio para a sustentabilidade da agricultura. Os métodos de determinação da mobilidade de herbicidas são inúmeros e devem ser escolhidos em função dos objetivos a serem alcançados, além da capacidade operacional e recursos disponíveis.

Ensaios de laboratório

As principais metodologias de laboratório para avaliar a mobilidade de herbicidas em solo são os testes em coluna de solo e de cromatografia em camada delgada (CCD) em solos. O teste CCD em solos caracteriza-se por ser um teste tipo *screening* e apresenta a vantagem de ser um método rápido e de baixo custo. Já o teste em colunas de solo é mais representativo das condições de uso dos herbicidas, porém, com custo mais elevado.

É importante frisar que os ensaios de laboratório não devem ser utilizados de maneira assertiva para estabelecer a mobilidade de herbicidas. As informações geradas nesses ensaios devem ser utilizadas de forma complementar para compreender os principais componentes que influenciam esse processo (pH, textura, solubilidade da molécula, umidade, volume de recarga, etc.) e, sempre que possível, validadas por experimentos de campo ou dados de monitoramento.

Cromatografia em camada delgada de solo

A metodologia de referência para os testes de CCD em solos foi desenvolvida por Helling e Turner (1968) e, posteriormente, aprimorada e harmonizada pela USEPA (1998). Tem sido utilizada principalmente para fins regulatórios, podendo, entretanto, ser empregada para outros fins de pesquisa. Em termos gerais, este método avalia a mobilidade de herbicidas em solos, representando a fase estacionária em que são aplicadas as moléculas de herbicida e com posterior eluição de uma fase móvel que normalmente é água destilada ou uma solução aquosa.

Quanto maior a interação da molécula aplicada com o solo, menor será a distância percorrida após a eluição e menor será sua mobilidade no solo. Já na situação contrária, em que o herbicida tem baixa interação com a fase estacionária (solo), a distância percorrida é maior, o que permite inferir que poderá ocorrer lixiviação através do solo e atingir as zonas freáticas, levando à contaminação das águas subterrâneas.

A principal vantagem deste método é permitir a avaliação da mobilidade de herbicidas de forma rápida e simples, gerando resultados que apresentam boa correlação com dados de literatura. Por ser um método simples, é possível avaliar grande número de herbicidas em um único teste e sob mesmas condições experimentais.

Procedimentos

O solo deve ser seco em temperatura ambiente e passado em peneira com malha de 250 µm. Em seguida, adiciona-se água destilada ajustada para pH 7 ao solo peneirado até a formação de uma pasta semifluida, em uma proporção de aproximadamente 0,75 mL de água para cada grama de solo. A pasta de solo é então espalhada em uma placa de vidro com dimensões de 20 x 20 cm de forma uniforme, obtendo-se uma camada de solo com espessura de 0,5-0,75 mm.

As placas de solo devem ser secas em temperatura ambiente. Após a secagem, uma linha deve ser traçada a 11,5 cm da base, retirando-se cuidadosamente o solo nesse espaço, com o objetivo de delimitar o processo de eluição. Em seguida, é aplicada a 1,5 cm da base das placas a solução do herbicida com massa variando de 0,5-5 µg/ponto aplicado.

Em uma cuba de vidro com lâmina de água de 0,5 cm, as placas de vidro são acomodadas de forma inclinada, permitindo a eluição da água nas placas de solo até a distância de 11,5 cm, delimitada pela linha previamente traçada. Após a secagem das placas de solo em temperatura ambiente, determina-se a distância percorrida pelo herbicida, podendo-se utilizar diferentes métodos de quantificação. A utilização de radioisótopos, com moléculas de herbicidas marcadas com ^{14}C, apresenta uma série de vantagens do ponto de vista analítico, porém, os custos são maiores e exige a adequação do laboratório para manuseio dessas substâncias.

A determinação da distância percorrida pelo herbicida pode ser feita por meio de rádio-scanner ou mesmo por radiografia (quando se utiliza radiometria) ou por extração de camadas de solo da placa e quantificação por cromatografia ou outra técnica analítica validada. Após a determinação da distância percorrida pelo herbicida é calculado o fator de retardo ou de retenção (*Rf*), que pode ser expresso pela seguinte equação:

$$Rf = \frac{Dp}{Da}$$

em que: Dp = distância percorrida pelo herbicida a partir do ponto de aplicação (cm) e Da = distância percorrida pela frente de eluição com água, a partir do ponto de aplicação do herbicida (10 cm). Finalmente, após a determinação do Rf é feita a extração das moléculas com posterior quantificação para determinar o balanço de massa para cada placa de solo. A classificação da mobilidade por este método é dada no Quadro 1.

Quadro 1 Classificação da mobilidade de pesticidas baseada nos valores de Rf.

Classe	Rf	Mobilidade
1	0,00-0,09	Imóvel
2	0,10-0,34	Pouco móvel
3	0,35-0,64	Moderadamente móvel
4	0,65-0,89	Móvel
5	0,90-1,00	Muito móvel

Fonte: Helling e Turner (1968).

Lixiviação em colunas de solo

Uma das metodologias mais utilizadas para avaliar a mobilidade de herbicidas em solo é o teste de lixiviação em colunas de solo deformado (OCDE, 2004; USEPA, 2008a), que consiste basicamente em determinar o deslocamento de uma molécula de herbicida aplicada no topo de uma coluna preenchida com solo após a eluição de determinado volume de água ou solução aquosa. Comparado ao método de CCD, o teste em colunas é considerado mais sofisticado, uma vez que as condições experimentais são mais realísticas e importantes processos relacionados ao transporte de compostos, como convecção e difusão, são contemplados.

Da mesma forma que o método de CCD, a lixiviação em colunas possibilita a comparação da mobilidade de herbicidas em diferentes solos, indicando aqueles com maior potencial de contaminação de águas subterrâneas. Além disso, as colunas de solo podem ser empregadas em estudos que objetivam a compreensão dos mecanismos de transporte dessas moléculas através do solo (SUÁREZ et al., 2007). As colunas de solo permitem introduzir no estudo variáveis que podem afetar a lixiviação, como a umidade do solo, período entre a aplicação do herbicida e o início da lixiviação, fluxo (intensidade de precipitação, volume total, intermitência x continuada), dentre outras (BRUSSEAU et al., 1991). Outra vantagem do método de colunas de solo é a possibilidade de avaliar não somente a mobilidade da molécula original do herbicida, mas também seus metabólitos, por meio da adição de solo incubado com o herbicida na superfície da coluna de solo.

Amostras de solo deformadas são normalmente utilizadas nesses estudos pela facilidade operacional para o preenchimento das colunas e pela alta reprodutibilidade dos resultados. Entretanto, um dos pontos críticos desta metodologia reside na não manutenção da estrutura do solo, que pode impactar significativamente o transporte vertical de herbicidas, uma vez que processos importantes como o fluxo preferencial pelos macroporos não são considerados (KATAGI, 2013). Uma variação dos estudos de coluna de solo é a utilização de amostras indeformadas, coletadas diretamente do campo. Para tanto é necessário utilizar colunas de material resistente ao impacto, como o PVC e aço inoxidável. Com o auxílio de marreta ou dispositivos hidráulicos, as colunas são cuidadosamente inseridas no solo, evitando a aderência excessiva do solo nas paredes da coluna para que a densidade original do solo não seja alterada no interior da coluna.

Outro aspecto importante que deve ser considerado nessa metodologia é a influência das paredes da coluna no processo de lixiviação. Em amostras deformadas, o efeito de parede é ocasionado pelo preenchimento inadequado das colunas com solo, levando à formação de macroporos junto à parede da coluna. A utilização de traçadores com baixa interação química com o solo, como o Cl^- e Br^-, auxilia a identificar esse processo. Com as informações de velocidade de fluxo e da coluna de solo (comprimento e densidade), é possível calcular o tempo de eluição do traçador através da coluna de solo e, assim, descartar resultados discrepantes. Para as colunas de solo indeformado, os fluxos preferenciais inerentes à estrutura do solo são esperados. A alternativa nessa situação para reduzir os efeitos de parede da coluna é a utilização de colunas de maior diâmetro e a aplicação de substâncias selantes, como o silicone, no interior das paredes da coluna antes da coleta do solo.

Procedimentos

As colunas utilizadas neste método normalmente são de vidro, mas também é possível utilizar outros materiais, como PVC, ação inoxidável ou alumínio. O diâmetro interno mínimo deve ser de 4 cm, e o comprimento total deve ter pelo menos 35 cm. A parte inferior da coluna deve ser no formato de funil para facilitar o preenchimento com o solo e a coleta do lixiviado. A simulação da chuva no processo de lixiviação pode ser realizada por meio de uma bomba peristáltico ou de algum outro dispositivo que permita estabelecer um fluxo contínuo e controlado, como o método que utiliza frascos de Mariotte.

Os solos selecionados para o estudo devem ser secos em temperatura ambiente e peneirados em malha de 2 mm. O preenchimento das colunas deve ser feito inicialmente com areia calcinada, até o limite da porção afunilada da coluna. Uma camada de lã de vidro pode ser utilizada para separar a areia do solo. Em seguida inicia-se o preenchimento da coluna, adicionando-se pequenas quantidades de solo e realizando leve vibração com uso de martelo de borracha, a fim de promover o adequado assentamento dos agregados de solo e evitando a formação de espaços vazios, que podem favorecer o estabelecimento de fluxos preferenciais. O preenchimento é realizado até a coluna de solo atingir 30 cm, que é a altura padrão para estudos de lixiviação. Outras alturas de coluna de solo também podem ser utilizadas, dependendo das circunstâncias operacionais e dos objetivos do experimento. Ao final desse processo, as colunas devem ser pesadas (somente a massa de solo, descontada a coluna de vidro/aço) para averiguar a uniformidade do preenchimento, a fim de garantir a reprodutibilidade dos resultados.

Em seguida é realizada a saturação das colunas de solo com uma solução de $CaCl_2$ 0,01 mol L^{-1}, com o objetivo de eliminar o ar contido nos poros do solo. Esse procedimento deve ser realizado por capilaridade, com a introdução da base da coluna em um recipiente com a solução aquosa. A saturação via capilaridade é mais indicada para assegurar que todos os poros do solo ocupados com ar sejam substituídos pela água. Após a saturação, as colunas são retiradas do recipiente com a solução aquosa para que o excesso de água contida nas colunas seja drenado por gravidade.

Concluído o processo de drenagem, o pesticida é aplicado na superfície da coluna de solo. A aplicação deve ser uniforme de modo a atingir toda a superfície do solo. O herbicida pode ser aplicado puro, como produto técnico, ou como produto formulado. Na aplicação como produto técnico o ingrediente ativo deve ser solubilizado preferencialmente em água. A solubilização em solventes orgânicos é permitida quando a solubilidade em água da molécula é muito baixa; neste caso, deve-se aguardar a evaporação do solvente na superfície do solo após a aplicação. Preferencialmente devem-se utilizar moléculas de herbicida marcadas com ^{14}C, todavia, o teste pode também ser conduzido com moléculas sem marcação radioisotópica. A quantidade do herbicida aplicado deve basear-se na dose máxima recomendada e suficiente para permitir a detecção de pelo menos 0,5% da dose aplicada em qualquer um dos segmentos da coluna de solo. Ao final da aplicação, uma camada de lã de vidro é acondicionada na superfície do solo com o objetivo de evitar o selamento causado pelas gotas de água na simulação da chuva e promover adequada distribuição em toda a superfície.

Juntamente com a molécula de herbicida a ser avaliada, também é possível a aplicação de uma molécula de pesticida de referência que apresente um padrão de lixiviação conhecido. Com isso, permite-se estabelecer um índice comparativo que normaliza os resultados obtidos em diferentes condições experimentais. A substância de referência mais utilizada é o monuron, molécula classificada com mobilidade intermediária.

Uma variação desse método é a utilização de uma fração de solo incubado com o herbicida em vez da aplicação do produto técnico ou formulado. A adição do solo incubado na superfície da coluna tem por objetivo avaliar a mobilidade do pesticida e de seus produtos de transformação. Nessa condição experimental é necessário que a molécula do herbicida seja radiomarcada – o período de incubação deve ser longo o suficiente para que haja a formação dos metabólitos. O solo incubado deve ser analisado antes da adição na coluna para confirmar a presença desses compostos. Após a incubação, uma fração do solo é adicionada à superfície da coluna de solo, com espessura de 2 cm.

Após a aplicação do herbicida ou solo incubado é iniciada a lixiviação com a simulação de uma chuva de 200 mm por um período de 48 horas, utilizando-se para tanto uma bomba peristáltica ou frasco de Mariotte e a mesma solução de $CaCl_2$ 0,01 mol L^{-1}, a fim de evitar a dispersão dos coloides do solo. Dependendo dos objetivos do estudo, outros volumes de chuva ou períodos de lixiviação podem ser utilizados. A solução lixiviada deve ser coletada em frascos Erlenmeyer, o volume registrado e uma alíquota coletada para quantificação do herbicida e da substância de referência (monuron).

Ao término do período de lixiviação, as colunas são mantidas em repouso para permitir a drenagem da água localizada nos macroporos do solo. Em seguida, as colunas de solo devem ser cuidadosamente segmentadas a cada 5 cm. As secções de solo devem, então, ser extraídas em um método previamente validado para posterior quantificação. Nos estudos em que é utilizada molécula radiomarcada, após a extração é realizada ainda a quantificação da fração não extraível (resíduo ligado) por combustão em cada um dos segmentos do solo e calcula-se o balanço de massa para cada coluna, que deve variar entre 90 e 110%. Para os ensaios que não utilizam material radiomarcado, o balanço de massa deve ser de 70-110%. Com os resultados da quantificação tanto do herbicida quanto da substância de referência, determina-se a distância percorrida de cada um dos compostos nas colunas de solo e calcula-se o fator de mobilidade relativa (FMR), de acordo com a seguinte equação:

$$FMR = \frac{\textit{distância lixiviada do herbicida (cm)}}{\textit{distância lixiviada da substância referência (cm)}}$$

Com o FMR é possível classificar a mobilidade do herbicida, conforme o Quadro 2.

Quadro 2   Fator de mobilidade relativa (FMR) e as classes de mobilidade correspondentes ilustradas com exemplos de moléculas de pesticida.

FMR	Composto (FMR)	Classe de mobilidade
≤ 0,15	Parathion (<0,15), flurodifen (0,15)	I imóvel
0,15-0,8	Profenophon (0,18), propiconazole (0,23) Diuron (0,38), alachlor (0,66), metolachlor (0,68)	II pouco móvel
0,8-1,3	Monuron (1,0), atrazine (1,03), simazine (1,04)	II moderadamente móvel
1,3-2,5	Cyanazine (1,85), bromacil (1,91)	III razoavelmente móvel
2,5-5,0	Carbofuran (3,0), dioxacarb (4,33)	V móvel
> 5,0	Monocrotophos (>5,0)	VI muito móvel

Fonte: OCDE (2004).

Bioensaio

A metodologia de lixiviação de herbicidas em coluna de solo permite também a realização de bioensaios, com a utilização de plantas com alta sensibilidade ao herbicida estudado – bioindicadoras (NELSON e PENNER, 2007). Para tanto, as colunas devem ser confeccionadas em material que permita sua manipulação. Normalmente, colunas de PVC são utilizadas nesses testes. O procedimento de preenchimento das colunas, saturação e eluição são semelhantes à metodologia original. Ao final do tempo estabelecido de lixiviação, as colunas de PVC são cortadas ao meio no sentido longitudinal, tomando-se cuidado para que não haja movimentação de solo na coluna. No intuito de reduzir esse problema, também é possível utilizar colunas previamente cortadas, que são unidas antes do preenchimento com solo. Ao longo dos segmentos longitudinais da coluna de PVC são semeadas sementes de uma ou mais espécies vegetais que sabidamente são altamente sensíveis ao herbicida estudado. Desta forma, avaliando-se o efeito fitotóxico do herbicida na emergência e desenvolvimento das plântulas, é possível estabelecer qualitativamente a mobilidade de herbicidas. O bioensaio pode ser bastante útil para comparação de solos, assim como para a avaliação de grande número de variáveis que influenciam a mobilidade desses compostos (pH, resíduos orgânicos, formulações, etc.). A grande vantagem do bioensaio sobre a metodologia de colunas que avalia quantitativamente a mobilidade de herbicidas é o baixo custo para condução dos ensaios, uma vez que não é necessária a utilização de equipamentos e reagentes de elevado custo, como ocorre nas técnicas radioisotópicas e cromatográficas.

Lisímetros em campo

Como visto anteriormente neste capítulo, a mobilidade de herbicidas pode ser estimada por testes de laboratório. Entretanto, em algumas situações há elevado nível de incertezas associadas a esses métodos, e estudos mais sofisticados e próximos das condições reais de campo são necessários. Os estudos com lisímetros em campo buscam trazer informações consistentes que auxiliam a reduzir essas incertezas. As metodologias de referência disponíveis para a condução dessa metodologia foram desenvolvidas pela OCDE (2000) e EFSA (2007).

As principais vantagens dos estudos com lisímetros são a proximidade das condições experimentais com as condições ambientais de campo, inclusive com o desenvolvimento das culturas de interesse e para as quais determinado herbicida é utilizado, e a possibilidade de determinação dos fluxos de massa, estabelecendo balanço de massa para os diferentes processos do ciclo hidrológico (BERGSTRÖM, 2000). Como desvantagem, além do alto custo para execução desses estudos, destaca-se a descontinuidade da estrutura do solo na porção inferior do monolito de solo, gerando uma região de tensão zero que pode influenciar os fluxos ascendentes e descendentes da solução do solo e, assim, superestimar os resultados de mobilidade dos herbicidas no solo.

Conceitualmente, lisímetros são recipientes confeccionados em material resistente (ex. aço inoxidável), onde um monolito de solo é acondicionado e, com o auxílio de equipamentos acessórios, permite mensurar inúmeras fases do ciclo hidrológico, como a evapotranspiração e a lixiviação. Eles vêm sendo utilizados ao longo das últimas décadas, principalmente em países do hemisfério norte, e apresentam grande número de variações, podendo variar a forma e o tamanho da estrutura, modo de preenchimento, as técnicas de mensuração do fluxo de água, dentre outros. A escolha do modelo do lisímetro dependerá das características do experimento e do nível de detalhamento exigido para os resultados esperados.

Procedimentos

As dimensões dos lisímetros normalmente são de 1 m³ (1 x 1 x 1 m) para minimizar possíveis efeitos de borda. A área superficial mínima recomendada é de 0,5 m² para permitir o cultivo de culturas. A coleta do monolito de solo indeformado é uma etapa de grande importância nesses estudos e demanda grande esforço operacional. Solos arenosos são mais indicados por representar o cenário mais crítico para a mobilidade de herbicidas. Além disso, pelas dificuldades inerentes ao processo de coleta de um monolito de solo indeformado de 1 m³, alguns solos de textura muito argilosa, característicos de ambientes tropicais, podem se mostrar inviáveis nessa metodologia. Também devem ser evitados solos com alto teor de argilas expansíveis, pois podem levar à formação de canais ao longo da parede do lisímetro e, consequentemente, resultados superestimados de mobilidade.

O procedimento básico de coleta do solo indeformado consiste em cobrir a estrutura metálica do lisímetro com uma placa de aço com espessura mínima de 30 mm. A borda inferior das paredes, com espessura de 8-10 mm, deve ser cortante para facilitar a penetração no solo. Com o auxílio de uma escavadeira ou maquinário semelhante, o lisímetro é cuidadosamente pressionado sem causar solavancos, até a profundidade de solo desejada (ex. 1,0 m). A superfície do solo deve ficar 5 cm abaixo da borda superior do lisímetro, para que posteriormente seja evitado fluxo externo proveniente de escoamento superficial. O solo nas laterais deve ser removido para permitir a introdução horizontal de uma placa de aço perfurada na base do lisímetro. A placa de aço perfurada servirá de suporte para o transporte do lisímetro até o local de instalação do experimento.

A estação experimental deve ser preparada, iniciando-se com a escavação do espaço que receberá o lisímetro com o fundo revestido com cascalho e areia. Dependendo dos objetivos do estudo, também devem ser instaladas balanças para medição do fluxo de água, assim como coletores da solução do solo e sensores de umidade e temperatura, dentre outros. O espaço circundante ao lisímetro que teve o solo removido deve ser recomposto novamente, a fim de tornar as condições experimentais o mais próximo da realidade. Nos lisímetros vegetados, a mesma cultura deve ser cultivada ao redor para promover o efeito de bordadura. Os lisímetros vegetados são recomendados sempre que possível, pois permitem estabelecer um balanço hídrico mais realístico, uma vez que incorpora processos importantes como a evapotranspiração.

Após a instalação do lisímetro, é necessário um período mínimo de três meses para promover o reequilíbrio do solo antes da aplicação do herbicida. O monitoramento do fluxo vertical pode ser feito com a aplicação de um traçador (Br⁻). A aplicação do herbicida, preferencialmente radiomarcado com ^{14}C, pode ser realizada com o produto técnico ou formulado, seguindo as recomendações do fabricante para o herbicida e a cultura. Vale ressaltar que, ao aplicar moléculas radiomarcadas, deve-se tomar o máximo cuidado para evitar a contaminação do ambiente ao redor do lisímetro. Para tanto, é recomendado que sejam utilizadas barreiras físicas como placas metálicas ou lonas plásticas nas laterais do lisímetro no momento da aplicação. O uso de traçadores é recomendável para melhor compreensão dos fenômenos hidrodinâmicos. Os tratos culturais, tanto no lisímetro quanto na área ao redor, devem seguir as recomendações para a cultura. Os dados climáticos, assim como a temperatura e umidade do solo, devem ser medidos regularmente.

A amostragem do lixiviado deve ser realizada de preferência semanalmente, dependendo do volume de chuvas no período. A amostragem da solução lixiviada pode ser feita por meio de cápsulas porosas (sucção), tubos de acesso ou por drenagem, com o volume lixiviado sendo armazenado em recipiente. Amostras de solo superficiais também podem ser coletadas, desde que não provoque revolvimento excessivo (<1% da área do lisímetro). A cultura estudada também deve ser coletada em diferentes estágios fenológicos. Ao final do período de execução do experimento, o solo deve ser segmentado e analisado para o herbicida e seus metabólitos.

Ensaios para a determinação do efeito residual de herbicidas

Na prática, quaisquer substâncias no solo resultantes da aplicação de herbicidas são classificadas como resíduos, ou seja, englobando tanto a molécula original quanto seus metabólitos. O tempo que um herbicida permanece ativo no solo é denominado de persistência ou efeito residual. A persistência é normalmente medida pela meia-vida ($t_{1/2}$) do composto, que pode ser definida como o período de tempo para que 50% da concentração inicial presente no solo desapareça (OLIVEIRA JR. e REGITANO, 2009).

Qualquer fator que afete a dissipação ou a quebra (degradação) da molécula do herbicida afetará, em consequência, sua persistência e seu efeito residual. Por exemplo, o efeito residual depende do herbicida utilizado, da cultura empregada na rotação, além das condições edafoclimáticas e práticas de manejo após a aplicação de herbicidas (MANCUSO et al., 2011). A extensão e o tipo de ensaio requeridos para a avaliação do efeito residual de herbicidas dependerão diretamente do destino e comportamento do ingrediente ativo (ou de seus principais metabólitos) no solo, bem como de sua atividade biológica. Estudos referentes ao destino e ao comportamento são normalmente conduzidos como parte das etapas iniciais da avaliação de risco ambiental de herbicidas, sendo que os dados gerados nessas etapas podem ser aproveitados para uma avaliação de risco dessas moléculas a culturas subsequentes. A seguir são descritas tanto as metodologias dos ensaios de dissipação, necessários à avaliação da persistência de herbicidas no solo, quanto dos bioensaios, que enfatizam a avaliação dos potenciais efeitos negativos de resíduos de herbicidas a culturas em sucessão/rotação.

Ensaios de dissipação em laboratório

Para o cálculo da concentração do herbicida esperada no momento do plantio da cultura sucessora potencialmente afetada, deve-se usar os valores de DT_{50}. Por definição, DT_{50} corresponde ao tempo necessário para que a concentração da substância teste seja reduzida em 50%; esse parâmetro difere da $t_{1/2}$ quando a dissipação não segue cinética de primeira ordem (OECD, 2002). Deve-se usar preferencialmente valores de DT_{50} obtidos em campo, empregando-se dados obtidos em laboratório apenas quando aqueles não estiverem disponíveis. A metodologia de referência disponível para a condução deste ensaio foi descrita por OECD (2002).

Princípio do teste

As amostras de solo são tratadas com o herbicida em teste e incubadas em frascos biométricos ou em sistemas de fluxo contínuo em laboratório, em condições controladas (temperatura e umidade fixas). Após intervalos apropriados, as amostras de solo são coletadas e analisadas para determinação das concentrações do herbicida teste e de seus principais metabólitos, ou seja, aqueles que representam mais de 10% da dose aplicada. A utilização da técnica radiométrica (^{14}C) permite uma avaliação mais pormenorizada da dinâmica do herbicida no solo, obtendo-se as taxas de mineralização, a fração não extraível (resíduos ligados) e, por fim, o cálculo do balanço de massa.

Descrição do método

Solos

Devem ser usados pelo menos quatro tipos de solo, representando uma variedade de solos relevantes no contexto regional. Estes devem apresentar variações nos conteúdos de matéria orgânica, pH, conteúdo de argila e biomassa microbiana. Todos os solos devem ser caracterizados ao menos para textura, pH, capacidade de troca catiônica, teor de carbono orgânico, densidade, capacidade de retenção de água e biomassa microbiana.

Deve-se dar preferência a solos frescos (recentemente coletados). Quando isso não for possível, os solos devem ser armazenados em condições adequadas (4 ± 2°C), por um tempo máximo de três meses, de modo que sua atividade biológica possa ser preservada. Antes que o solo processado possa ser utilizado no ensaio de dissipação, ele deve ser pré-incubado, objetivando com isso a eventual germinação e remoção de sementes, bem como o reestabelecimento do metabolismo microbiano após o período de coleta e armazenamento das amostras. O período de pré-incubação pode variar de 2 a 28 dias, mantendo-se as condições de temperatura e umidade próximas das que serão empregadas no ensaio de dissipação.

Condições experimentais

A duração do teste normalmente não deve exceder 120 dias, principalmente por conta da diminuição da atividade microbiana esperada com o passar do tempo em condições de laboratório. Períodos maiores de incubação podem ser usados, devendo, entretanto, ser devidamente justificados e acompanhados de medidas de biomassa microbiana durante e ao final do período experimental.

Cerca de 50 a 200 g de solo (peso seco em estufa) são utilizados em cada frasco de incubação. Quando solventes orgânicos são necessários na diluição do ingrediente ativo, eles devem ser removidos do solo por evaporação e as quantidades usadas devem ser mínimas, de modo a não haver prejuízos à atividade microbiana no solo. Deve-se evitar clorofórmio, diclorometano e outros solventes halogenados.

O solo deve ser completamente homogeneizado por meio do uso de uma espátula e/ou por intermédio de agitação do frasco. As quantidades aplicadas de herbicida devem ser equivalentes à maior dose indicada na bula do produto. Para moléculas que não exigem incorporação, a dose por frasco pode considerar uma profundidade de incorporação de 2,5 cm. Para moléculas que necessitam de incorporação, opta-se por uma profundidade diferente, em conformidade com as recomendações práticas de uso. Um tratamento controle (solo sem a substância teste, mas com o solvente, se for o caso) deve ser adotado para o monitoramento da atividade microbiana no início, durante e ao término do período experimental.

Amostragem e descrição dos resultados

Ao menos dois frascos de incubação são removidos em intervalos apropriados de tempo, procedendo-se à extração dos resíduos presentes nas amostras de solo por meio do uso de solventes de variadas polaridades. A recuperação do herbicida extraído deve ser de 90 a 110% para moléculas radiomarcadas e de 70 a 110% para moléculas não-marcadas. Em seguida, procede-se à análise, geralmente por cromatografia líquida ou gasosa acoplada à espectrometria de massas, ou então por cintilometria líquida, caso se trate de molécula radiomarcada. Além de uma amostragem realizada diretamente após a aplicação da substância teste (tempo zero de amostragem), ao menos mais cinco intervalos adicionais de coleta devem ser conduzidos. O tempo entre os intervalos de coleta deve ser definido de forma que a curva de dissipação da substância teste e os padrões de formação e declínio dos principais metabólitos possam ser estabelecidos (exemplo: 0, 1, 3 e 7 dias; 2, 3 semanas; 1, 2, 3 meses, etc).

As determinações dos valores de meia-vida ($t_{1/2}$ ou DT_{50}) e, quando apropriado, DT_{75} e DT_{90} devem ser feitas aplicando-se modelos cinéticos apropriados. Os valores devem ser reportados juntamente com a descrição do solo usado, a ordem do modelo empregado e o coeficiente de determinação (r^2). Deve-se dar preferência a modelos de cinética de primeira ordem, a menos que os valores de r^2 sejam inferiores a 0,7. O modelo de primeira ordem é definido pela equação:

$$C_T = C_o e^{-yt}$$

em que: C_T = concentração no tempo (t); C_o = concentração inicial do herbicida; y = constante de dissipação; e T = tempo de incubação (dias) . Essa equação assume que a taxa de dissipação diminui linearmente com o decréscimo da concentração e permite estimar um valor constante de $t_{meia-vida}$. Detalhes adicionais podem ser obtidos em OECD (2002).

Para moléculas radiomarcadas pode-se determinar diretamente a quantidade de resíduos não extraíveis do solo por combustão em um oxidador biológico, possibilitando o cálculo do balanço de massa em cada intervalo de amostragem.

Ensaios de dissipação em campo

Os testes de dissipação em campo podem ser muito úteis na avaliação do efeito residual de herbicidas (tanto da molécula original quanto dos metabólitos) em culturas subsequentes. Essa avaliação é particularmente importante no caso de herbicidas persistentes ($t_{1/2}$ > 60 d) utilizados em climas frios, onde a persistência é maior. As evidências deste teste terão implicações na exposição em longo prazo de organismos não alvo, podendo definir a necessidade de estudos adicionais, como, por exemplo, o de acúmulo do herbicidca no solo (EUROPEAN COMISSION, 2000).

A avaliação do destino do herbicida no ambiente terrestre deve incluir todos os processos que podem afetar seu destino, incluindo a transformação, lixiviação, volatilização, escoamento superficial, a sorção ao solo e sua absorção pelas plantas. Estudos no campo devem ser concebidos e realizados para avaliar as rotas mais prováveis e as taxas de dissipação de herbicidas em condições realistas de uso. As propriedades físico-químicas do herbicida, os resultados anteriores de ensaios laboratoriais de dinâmica no ambiente, as práticas de aplicação e as características do local são todos fatores importantes que devem ser considerados na concepção do estudo. O estudo básico de campo avalia a dissipação em solo não cultivado (desprotegido). Se o modelo conceitual específico do herbicida sugere que a volatilização, lixiviação, escoamento ou absorção pelas plantas são rotas de dissipação potencialmente importantes, recomenda-se, então, uma abordagem modular em que as vias de dissipação que podem ser estudadas simultaneamente num local sejam incluídas no mesmo estudo, enquanto aqueles caminhos que são incompatíveis são avaliados em estudos separados.

O desenho do estudo deve abranger o conjunto de práticas e condições que refletem a real utilização do ingrediente ativo em estudo. Em todos os estudos de dissipação no campo, parcelas sem cultivo devem ser incluídas como controle. Se o padrão de utilização recomendado inclui a aplicação de um herbicida sistêmico num estande vivo de plantas, as avaliações devem, então, ser realizadas também com solo cultivado, além do controle.

Os dados gerados a partir de estudos de laboratório ou em casa de vegetação podem ser usados para complementar os dados de campo. No entanto, sua utilização exigirá o detalhamento das condições em que os mesmos foram obtidos, bem como o entendimento de como as condições controladas do laboratório/estufa diferem e afetam a avaliação dos resultados de campo. Nas condições de campo, tem-se como grande vantagem a possibilidade de avaliar a dissipação do herbicida de forma combinada, integrando seus múltiplos processos (transformação abiótica e biótica e processos físicos de transporte). A dissipação em campo pode ocorrer a taxas diferentes das verificadas em condições de laboratório, resultando na produção de metabólitos em taxas diferentes das obtidas em condições controladas. A metodologia de referência disponível para a condução deste ensaio foi apresentada por USEPA (2008b).

Descrição do método

Tanto moléculas não-marcadas radioativamente quanto marcadas podem ser usadas, embora sejam preferidas substâncias não-radiomarcadas, tendo em vista que a aplicação de substâncias marcadas com radioisótopos em ensaios em campo está sujeita a uma série de restrições e a regulamentações nacionais e locais pertinentes.

A decisão relativa ao tamanho das parcelas em estudos de campo deve ser baseada em fatores tais como métodos de aplicação, características da cultura e do manejo, especificidades locais e número total previsto de amostras. Parcelas de grande escala geralmente são constituídas por uma área tratada de 8 linhas, com 25 m de comprimento, podendo, entretanto, ocupar vários hectarees, a depender do design experimental e dos objetivos específicos. Tamanhos típicos variam de 4 x 10 a 10 x 40 m. Parcelas pequenas (de 4 a 12 m²) são preferíveis quando a dispersão do ingrediente ativo é desigual e as curvas de dissipação são difíceis de se obter ou interpretar.

Os campos experimentais devem ser representativos em termos de variações de solo, clima e manejo em que o herbicida será empregado. Com relação às formulações, sabe-se que diferentes formulações podem alterar significativamente o destino e o transporte do herbicida. Em geral, é possível comparar estudos de campo que tenham sido realizados com o herbicida nas seguintes formulações: líquidos solúveis em água, pós solúveis em água, pós, concentrados emulsionáveis com líquidos dispersíveis em água, pós molháveis e grânulos dispersíveis em água. No entanto, são necessários estudos de campo separados para formulações do tipo microencapsulados e grânulos, uma vez que elas tendem a liberar o ingrediente ativo mais lentamente.

A aplicação, incluindo o momento e a frequência, deve ser consistente com as recomendações disponíveis na bula. A duração do estudo deve ser suficiente para permitir a determinação dos valores de DT_{75} do composto original, bem como os padrões de formação e declínio dos principais metabólitos no solo.

Amostragem do solo

As amostras de solo para análise de resíduos devem ser representativas de cada parcela em cada tempo de amostragem. Uma amostragem precisa e consistente é fundamental para a obtenção de resultados robustos. Um padrão de amostragem aleatória ou sistemática do solo pode ser seguido, dependendo do tipo de aplicação do herbicida e de outras variáveis. No caso de parcelas pequenas, uma amostragem sistemática é preferível, garantindo-se, assim, que todas as seções tratadas sejam amostradas e que a coleta não será prejudicada pelas coletas anteriores na área.

Quanto à profundidade de amostragem, para a maioria dos estudos, as amostras de solo devem ser coletadas até a profundidade máxima de 1 m, seccionadas em seis ou mais camadas para as análises (exemplo: de 15 em 15 cm ou de 20 em 20 cm). A amostragem do solo deve ser levada a cabo antes do tratamento com o herbicida, imediatamente após o tratamento (tempo zero) e em intervalos crescentes (diário, semanal, mensal) entre os tempos de amostragem. Se mais de uma aplicação do produto é feita, então, a amostragem de solo deve ser realizada antes e imediatamente após cada aplicação e, em seguida, em intervalos crescentes após a última aplicação. Os intervalos de tempo devem basear-se nos resultados dos estudos de laboratório e outros estudos de campo, se disponíveis. A frequência de amostragem deve considerar as estimativas de meia-vida obtidas em laboratório, aumentando-se a frequência de amostragem para compostos com valores menores de meia-vida. Dados sobre a dissipação dos resíduos devem ser obtidos pelo menos até que 75% do herbicida e/ou dos seus principais produtos de degradação sejam dissipados no perfil do solo ou até que o padrão de dissipação esteja claramente delineado.

Bioensaios

Bioensaios em condições controladas

A técnica do bioensaio é uma ferramenta útil e necessária como complemento aos métodos de análise química, fornecendo informações sobre a biodisponibilidade do herbicida para a planta e, em consequência, seus possíveis efeitos fitotóxicos. A técnica fornece uma visão geral das relações solo-planta-herbicida. As principais vantagens de sua utilização, em comparação às análises químicas, são (SANDÍN-ESPAÑA, 2011):

♦ Podem detectar os efeitos tanto do ingrediente ativo quanto dos principais produtos de degradação do herbicida.

♦ Fornecem informação prática, baseada na observação da resposta da planta ao herbicida.

♦ A metodologia e os materiais necessários são, em geral, simples e baratos.

Bioensaios com as culturas representativas do sistema de rotação adotado em determinado lugar devem ser conduzidos para avaliar se os resíduos do ingrediente ativo utilizado na cultura principal podem afetar a germinação e o crescimento vegetativo das culturas em sucessão/rotação. Ainda que o ingrediente ativo seja mais eficazmente absorvido pela parte aérea da planta, alguma absorção pode ocorrer pelo solo.

Idealmente, o bioensaio deve ser conduzido em condições controladas (em câmara de crescimento, casa de vegetação ou em vasos). Ensaios adicionais com um número maior de culturas podem ser conduzidos no campo, em parcelas de pequena escala, considerando o uso previsto para o ingrediente ativo em questão, bem como as espécies normalmente utilizadas em rotação nos sistemas de produção locais. A descrição completa da metodologia de referência do bioensaio está disponível em OECD (2006).

Princípios do teste

O bioensaio tem por finalidade avaliar os efeitos dos resíduos do herbicida na emergência e crescimento inicial das plântulas. As sementes são colocadas em contato com o solo tratado com o herbicida, e os efeitos são avaliados usualmente por um período de 14 a 21 dias após a emergência. Os parâmetros de resposta (*endpoints*) geralmente avaliados são: análise visual da emergência das plântulas, peso seco da parte aérea (ou peso fresco) e, em alguns casos, a altura das plantas, além da avaliação visual da toxicidade a diferentes partes da planta. Pode-se realizar também análises mais elaboradas, tais como condutância estomática, trocas gasosas, fotossíntese, além do comprimento e volume da massa de raízes.

O teste pode ser conduzido de forma a determinar a curva de dose-resposta, ou os efeitos de uma concentração/dose única, a depender do objetivo do estudo. Se o uso de uma única concentração/dose exceder determinado nível de toxicidade, deve-se conduzir outro teste para encontrar os limites superiores e inferiores dos efeitos tóxicos, seguido de um teste com concentrações múltiplas para estabelecer a curva de dose-resposta. Análise estatística apropriada deve ser empregada para obter as concentrações efetivas (CE_x) ou doses de aplicação efetivas DE_x (por exemplo, CE_{25}, DE_{25}, CE_{50}, DE_{50}) para o parâmetro de interesse mais sensível. O teste também permite o cálculo das concentrações sem efeito observável e as concentrações mínimas com efeito observável.

Validade do teste:

Para que o teste possa ser considerado válido, alguns pré-requisitos devem ser atingidos nos tratamentos controle (testemunha sem aplicação do herbicida):

1. Emergência de plântulas maior que 70%.
2. Plântulas sem sintomas visíveis de fitotoxicidade (clorose, necrose, murcha, deformações foliares ou do caule) e com variações normais de crescimento e morfologia para a espécie.
3. Sobrevivência média mínima das plântulas emergidas de pelo menos 90% durante o estudo.
4. Condições ambientais e do meio de suporte uniformes nos tratamentos empregados.

Procedimentos

Design e condições experimentais

O número de sementes por vaso dependerá da espécie, tamanho dos vasos e duração do experimento. O número de plantas por vaso deve ser tal que ofereça condições satisfatórias ao crescimento das mesmas, evitando uma superpopulação. O número de repetições (cada vaso é uma unidade experimental) deve ser o suficiente para realização da análise estatística. Os tratamentos controle são usados para assegurar que os efeitos observados estejam associados somente à exposição ao ingrediente ativo em teste.

Basicamente, as condições experimentais devem ser próximas daquelas necessárias ao crescimento satisfatório das espécies e variedades testadas. As plântulas emergidas devem ser mantidas pelo uso de boas práticas culturais, em ambientes controlados, tais como câmaras de crescimento, fitotrons ou em casa de vegetação, sendo que as condições ambientais devem ser continuamente monitoradas e relatadas.

Ensaios com uma única concentração/dose de aplicação

Para os herbicidas, as propriedades físico-químicas da molécula, padrões de uso, doses recomendadas ou concentrações máximas aplicadas, número de aplicações, além da persistência da molécula, devem ser considerados na definição da concentração a ser testada.

Ensaios para definição da faixa de variação das doses de aplicação

Quando necessário, testes para identificar a faixa de variação das doses a serem testadas nos ensaios definitivos de dose-resposta podem ser conduzidos com base nas doses de aplicação recomendadas (1/100, 1/10 e 1/1 da dose de aplicação recomendada na bula).

Ensaios com concentrações múltiplas

O propósito de utilizar concentrações variadas é estabelecer curvas de dose-resposta, determinando valores de concentração (CE_x) ou dose efetiva (DE_x) para emergência, biomassa ou efeitos visuais em relação ao tratamento controle. A quantidade e o intervalo entre as concentrações a serem testadas devem ser suficientes para gerar a curva de dose-resposta (Figura 3) e a construção de uma equação de regressão robusta. As concentrações ou doses selecionadas devem abranger os valores de CE_x ou DE_x que se quer determinar. Por exemplo, se o objetivo é obter valores de CE_{50}, seria desejável nos testes trabalhar com uma faixa de efeito entre 20 e 80%. O número recomendado de doses a serem testadas é de no mínimo cinco numa série geométrica (por exemplo, 0,001; 0,01; 0,1; 1; 10 vezes a dose de campo), além do controle sem herbicida, sendo que as concentrações devem estar espaçadas entre si por um fator não superior a três. Para cada tratamento e grupo controle, o número de repetições mínimo deve ser de quatro, sendo que o número total de sementes deve ser de pelo menos 20. Plantas com baixa taxa de germinação ou padrão irregular de desenvolvimento podem exigir um número maior de repetições.

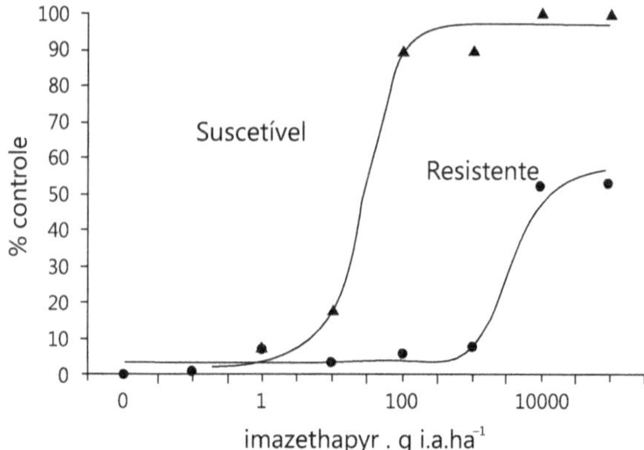

Figura 3 Exemplo de curva de dose-resposta correspondendo a % de fitotoxicidade (com base no vigor e clorose) de biótipos suscetíveis e resistentes de *B. pilosa* ao herbicida imazethapyr. Dados extraídos de Christoffoleti (2002).

Variáveis-resposta a serem avaliadas

Durante o período de duração do experimento, geralmente 14 a 21 dias após 50% de germinação das plantas no tratamento controle, as plantas devem ser observadas com frequência (pelo menos semanalmente, sendo diariamente o ideal) quanto à emergência e aos sintomas visuais de fitotoxicidade. Ao final do experimento, medidas da porcentagem de emergência e da biomassa das plantas sobreviventes devem ser feitas, assim como medidas visuais de efeitos negativos nas diferentes partes da planta (estiolamento, clorose, perda de coloração, mortalidade e anormalidades de desenvolvimento, podendo incluir ainda outros parâmetros).

Descrição dos resultados

No caso de dose única, os resultados devem ser estatisticamente analisados, reportando o nível de efeito na concentração testada. No caso de concentrações múltiplas, a relação dose-resposta é estabelecida por meio de equações de regressão. Diferentes modelos podem ser usados (por exemplo: quantal data, logit, probit, Weibull e Spearman-Karber). Sempre que possível, os valores de R^2 devem ser superiores a 0,7 para a espécie mais sensível testada e as concentrações devem atestar de 20 a 80% de efeito.

O relatório final deve apresentar informações detalhadas dos resultados, além de uma discussão abrangente, incluindo detalhes da substância teste, das espécies vegetais testadas e das condições experimentais empregadas no ensaio.

Bioensaios de campo

Caso os ensaios de dinâmica do herbicida no solo e os bioensaios em condições controladas indiquem a possibilidade de atividade residual e fitotoxicidade para culturas em sucessão/rotação, confirma-se a validade e a necessidade de estudos adicionais em campo. No entanto, se os dados preliminares mostrarem que a persistência é baixa (sem níveis de atividade residual biológica até a semeadura da cultura em rotação), então, não se justifica a necessidade de ensaios específicos no campo. Se esse aspecto não estiver claro com base nos dados preliminares disponíveis, então, deve-se optar por conduzir ensaios específicos no campo. Uma forma prática de se avaliar essa necessidade consiste em calcular a razão entre a toxicidade e a exposição ao herbicida (RTE) (EPPO, 2007). Os valores de RTE são calculados utilizando-se os valores esperados para a concentração do herbicida no solo no momento do plantio da cultura subsequente, e não com base nos valores inicialmente aplicados. Desse modo, a cultura em rotação e o intervalo entre a aplicação do herbicida na cultura tratada e o plantio da cultura subsequente devem ser considerados. A concentração ambientalmente esperada (CAE) para o herbicida no solo pode ser calculada conforme abaixo:

$$CAE_{ini} = \frac{DE \cdot (1 - f_{int})}{100 \cdot p \cdot d_s}$$

em que: CAE_{ini} = concentração ambientalmente esperada inicial; DE = dose efetiva (g ha^{-1}); f_{int} = fração interceptada pela cobertura vegetal; p = profundidade do solo (cm); e d_s = densidade do solo (g cm^{-3}).

Para o cálculo da concentração no momento do crescimento da cultura subsequente, deve-se utilizar um valor apropriado de DT_{50}, representando um valor realista de pior cenário e o intervalo em dias (t) após a aplicação do herbicida, conforme abaixo:

$$CAE_{atual}(t) = CAE_{ini} \cdot e^{-kt} = CAE_{ini} \cdot e^{\frac{t.ln2}{DT50}}$$

Se a RTE > 1, não há necessidade de testes adicionais em campo. Já se RTE < 1, danos às culturas subsequentes são possíveis, justificando-se a utilidade de avaliações em campo. Da mesma forma, se o ingrediente ativo não apresentar efeitos adversos nas plantas nas maiores concentrações em condições controladas, então, não se fazem necessários testes adicionais em campo.

Ensaios em campo com culturas em rotação podem ser feitos em continuação a ensaios de eficácia ou de modo independente. Os tratamentos devem ser aplicados às parcelas da cultura principal para a qual o herbicida é registrado, sendo esta referida como cultura tratada. Depois da colheita da cultura tratada, as culturas em rotação a serem testadas são semeadas nas parcelas experimentais para a avaliação do efeito residual do herbicida. Esses ensaios também podem ser conduzidos para se testarem situações em que há perda da cultura principal e necessidade de replantio da área com uma cultura em substituição. Nesse caso, os tratamentos são aplicados às parcelas com solo descoberto após o preparo dos sulcos de plantio/semeadura. As culturas mais sensíveis são semeadas em intervalos definidos após a aplicação do produto, sendo que o primeiro intervalo se dá logo após a aplicação do produto. Um plantio sequencial de culturas sensíveis pode fornecer informações úteis sobre a necessidade de tempo para que o ingrediente ativo decaia a níveis não tóxicos. Os ensaios também podem testar diferentes práticas de manejo, como o cultivo mínimo ou plantio direto *versus* plantio convencional, tendo em vista que o preparo convencional pode diluir os resíduos do ingrediente ativo, influenciando, assim, a atividade residual do herbicida. A metodologia de referência utilizada como base na descrição dos procedimentos a seguir é apresentada em EPPO, (2007).

Condições experimentais

As práticas culturais a serem adotadas devem ser uniformes em todas as parcelas e estarem em conformidade com as práticas normalmente empregadas na região. Os ensaios devem ser conduzidos considerando os diferentes tipos de solo para os quais o herbicida pode ser aplicado, pois alguns deles podem ter maior influência na ocorrência de efeitos residuais.

Os tratamentos devem consistir no herbicida em teste, controle sem aplicação e, se disponível, um herbicida de referência, arranjados em um design experimental adequado. Pode ser útil e interessante trabalhar com referências positiva e negativa, ou seja, um herbicida com alto poder residual e um com baixo ou nenhum poder residual. Os ensaios podem ser conduzidos em parcelas de variados tamanhos. Parcelas maiores, de no mínimo 40 m², são especialmente úteis na visualização de sintomas visuais em diferentes culturas, podendo-se trabalhar com um número menor de repetições. Parcelas menores, de pelo menos 20 m², são mais apropriadas para avaliação dos efeitos dos tratamentos na produtividade da cultura em rotação, devendo-se trabalhar com pelo menos quatro repetições.

Com relação à aplicação dos herbicidas, deve-se trabalhar com a maior dose do produto recomendada. Também é recomendado trabalhar com pelo menos uma dose mais elevada, geralmente o dobro da dose de campo. Formulações que possam afetar a persistência do ingrediente ativo também devem ser avaliadas. O modo de aplicação, equipamentos empregados, bem como o momento e a frequência de aplicação, devem seguir as especificações técnicas recomendadas para o uso normal do produto.

Pelo menos três culturas de rotação, ou de substituição, devem semeadas nas parcelas previamente tratadas. Deve-se dar preferência para as culturas com maior probabilidade de efeito, ou seja, as mais sensíveis aos efeitos residuais do herbicida. As culturas em rotação devem ser semeadas no intervalo mínimo de tempo necessário após a colheita da cultura principal, de modo semelhante às práticas adotadas na região.

Avaliação dos resultados

Ao longo do período experimental, os dados meteorológicos devem ser anotados, uma vez que as condições climáticas podem ter influência direta na maior ou menor persistência do ingrediente ativo. São particularmente importantes as informações sobre variações extremas de temperatura e umidade do solo nas parcelas experimentais. Deve-se prover também informações sobre os atributos do solo da área, como pH, conteúdo de matéria orgânica, textura, CTC, classificação, etc.

Não há necessidade de avaliação da cultura tratada. Com relação às culturas em sucessão, elas devem ser avaliadas quanto à existência de efeitos fitotóxicos, sendo que o tipo e a extensão dos efeitos devem ser devidamente anotados, bem como a ausência de efeitos ou algum eventual efeito positivo. O monitoramento dos resíduos do ingrediente ativo no solo também pode ser útil. Os efeitos fitotóxicos devem ser pontuados da seguinte maneira:

◆ Se estes podem ser contados ou medidos, devem ser expressos em números absolutos.

◆ Nos demais casos, a frequência e o grau de dano devem ser estimados. Isso pode ser feito de duas formas: a fitotoxicidade é pontuada tendo por referência uma escala ou é comparada ao controle sem tratamento, o que permite estimar a porcentagem de efeitos fitotóxicos.

Em todos os casos, a ocorrência de efeitos indesejáveis deve ser descrita em detalhes (nanismo, clorose, deformações, atraso na emergência, etc.). Dependendo do caso, medidas da biomassa podem ser realizadas. Com relação ao momento e frequência de avaliação, a primeira avaliação deve ser conduzida por ocasião da emergência da cultura em rotação. Atenção especial deve ser dada a possíveis atrasos na emergência. A segunda avaliação precisa ser feita de três a quatro semanas depois, estimando-se o número de plantas presentes. Avaliações adicionais de fitotoxicidade devem ser conduzidas ao longo do ciclo de vida da cultura.

Herbicidas: Estudos de Resíduo no Solo e na Planta

7

Renata Magale Carneiro dos Santos de Oliveira
Roberta Lopes de Souza Leite da Fonseca
Alexandre Marques Ribeiro

Estudos de Resíduo e Segurança Alimentar

Os agrotóxicos são parte importante de um pacote tecnológico que ajudou a transformar a agricultura brasileira nas últimas décadas. Graças à tecnologia aplicada em nossas lavouras, conseguimos ampliar a produção de alimentos sem expandir a área plantada. Para os próximos anos, o desafio é produzir ainda mais, com tecnologia e sustentabilidade, para alimentar um planeta com número de habitantes crescente (ANDEF, 2011).

Nos últimos 40 anos, o Brasil passou de importador a grande produtor mundial de alimentos. Neste mesmo período, as empresas desenvolveram inúmeros produtos fundamentais para o crescimento do agronegócio brasileiro. E, neste momento, estão sendo pesquisadas as novas tecnologias que, ao protegerem as lavouras do ataque de pragas, doenças e plantas daninhas, farão com que o Brasil aumente ainda mais sua produção nos próximos anos (ANDEF, 2011).

Os agrotóxicos são regulamentados e registrados por órgãos governamentais antes de irem ao mercado. No Brasil, a Agência Nacional da Vigilância Sanitária (ANVISA), o Instituto Brasileiro do Meio Ambiente (IBAMA) e o Ministério da Agricultura, Pecuária e Abastecimento (MAPA) são responsáveis por analisar e autorizar, sob os aspectos toxicológico, ambiental e agronômico, respectivamente, os registros de novos defensivos agrícolas (ANDEF, 2015).

A Resolução da Diretoria Colegiada (RDC) da ANVISA dispõe sobre os critérios para a realização de estudos de resíduos de agrotóxicos e afins para fins de registro em produtos de origem vegetal e cogumelos *in natura*, dentre eles a obrigatoriedade de que os estudos de resíduo sejam conduzidos em conformidade com os princípios das Boas Práticas de Laboratório (BPL). Esses estudos de resíduos de agrotóxicos, no entanto, somente deverão ser realizados por entidades em conformidade com os princípios da BPL, por meio de órgãos oficiais de certificação, reconhecidos pela Organização para a Cooperação e Desenvolvimento Econômico (OCDE).

Para proteger a saúde dos consumidores, a legislação exige estudos toxicológicos que permitem avaliar os riscos agudos e crônicos no uso dessas substâncias, além de determinar os Limites Máximos de Resíduos (LMR) para cada cultura, bem como determinar a Ingestão Diária Aceitável (IDA), valor considerado seguro, sendo uma medida utilizada mundialmente para a ingestão de qualquer substância química. A IDA é um índice cem vezes menor que a dose que não produz efeito adverso, conforme estudos realizados com animais de laboratório (ANDEF, 2011).

Sendo assim, os resíduos eventualmente detectados nos alimentos devem estar abaixo desses LMR ou "Tolerâncias", como conhecidos internacionalmente, para defender a saúde da população do uso do agrotóxico que, indevidamente, tenha sido aplicado em dose superior ao recomendado pelo rótulo.

Para não ultrapassar os Limites Máximos de Resíduo nos alimentos, o agricultor deve, dentre outras providências, observar o Período de Carência no rótulo e na bula do produto. O Período de Carência, também chamado de Intervalo de Segurança, é o prazo estabelecido, em dias, entre a data da última aplicação do agrotóxico na lavoura e a data da colheita (RDC n°4, 2012).

Nesse contexto, a análise de resíduo tem sido uma ferramenta importante para monitorar a utilização de um grande número de princípios ativos, sob os aspectos qualitativo e quantitativo.

As autoridades da Vigilância Sanitária podem coletar amostras dos alimentos nas feiras e supermercados para realizar análises de resíduos e certificar-se de que os agricultores estão respeitando as recomendações desse órgão.

Todo alimento importado ou exportado também pode ser analisado para avaliar se os níveis de resíduos estão abaixo dos LMR. Para os produtos internacionalmente comercializados, os LMR são estabelecidos e divulgados pela FAO (Food and Agriculture Organization). Lotes de produtos agrícolas contaminados podem ser rejeitados pelo país destinatário, e o prejuízo é todo do exportador, que deve sempre se certificar de que seus produtos apresentem eventuais níveis de resíduos dentro dos limites aceitáveis pelo país importador. Atualmente, as grandes redes de supermercados já coletam amostras e analisam os resíduos de agrotóxico nos alimentos para garantir a qualidade dos produtos para os consumidores.

Termos Relacionados

Para a compreensão dos termos utilizados na condução dos Estudos de Resíduo de Pesticidas fazem-se necessárias algumas definições importantes:

Estudo de Resíduo: Estudo conduzido com um agrotóxico em determinado uso em uma cultura para estabelecer ou confirmar os Limites Máximos de Resíduos (LMR) de seu(s) ingrediente(s) ativo(s), incluindo as fases de campo e laboratório, cujos ensaios de campo foram conduzidos em uma cultura (RDC n° 4, 2012).

Substância teste: É o objeto sob investigação em um estudo (NIT-DICLA-035, 2011). A substância teste é a formulação que está sob investigação durante um estudo. É composta por uma substância química ou uma mistura de diferentes substâncias químicas (princípios ativos) (GARP, 2002).

Sistema teste: É a matriz a ser analisada, ou seja, é a amostra no estudo (GARP, 2002).

Substância de referência (padrão de referência): É uma espécie química usada para estabelecer comparações como base para avaliação dos resíduos. São padrões analíticos, com grau de pureza conhecido e certificado de análise, utilizados para o preparo de soluções de concentrações conhecidas que serão empregadas durante a fortificação das amostras e no preparo das soluções de calibração (GARP, 2002). Segundo a NIT-DICLA-035, é também conhecida como "item de controle", sendo qualquer item usado para prover uma base de comparação com a substância teste.

Amostra tratada: Parte do sistema-teste exposto à substância teste ou de referência, coletada de uma parcela em ensaio de campo ou unidade de tratamento pós-colheita e encaminhada para análise (RDC n° 4, 2012).

Amostra-testemunha ou testemunha: Parte do sistema teste não exposta à substância teste ou de referência, coletada de uma parcela em ensaio de campo ou unidade de tratamento pós-colheita, cultivada na mesma data e local do ensaio, na mesma data da amostra tratada, e encaminhada para análise (RDC n° 4, 2012).

Beneficiamento da amostra: Processo de preparação da amostra conforme práticas comerciais e agrícolas (RDC n° 4, 2012).

Ensaio de campo: Parte do estudo de resíduo conduzido em condições de campo, estufa, etc., sendo que a combinação de vários ensaios de campo em diferentes locais/safras pode fazer parte de um único estudo (RDC n° 4, 2012).

Intervalo de segurança (prazo de carência): É o intervalo de tempo, expresso em dias, entre a última aplicação do agrotóxico até a colheita ou comercialização do vegetal, abate ou ordenha do animal, conforme o caso, a fim de que os resíduos estejam de acordo com o LMR (RDC n° 4, 2012).

Parcela agrícola: Porção territorial, com limites definidos espacialmente e com determinado sistema de cultivo, que será utilizado para a condução de experimento, com o uso de um ou mais agrotóxicos, em conformidade com o recomendado ou que se deseja recomendar em bula para esses mesmos agrotóxicos (RDC Nº 4, 2012).

Limite de Quantificação (LOQ): É a menor concentração de um analito em uma matriz que pode ser quantificada e alcançada usando-se um método analítico validado (RDC nº 4, 2012).

Limite de Detecção (LOD): É a menor concentração de um analito em uma matriz em que uma identificação positiva e não quantitativa pode ser alcançada usando-se um método específico (RDC nº 4, 2012).

Boas Práticas de Laboratório (BPL): Sistema de qualidade que abrange o processo organizacional e as condições nas quais estudos não-clínicos de saúde e de segurança ao meio ambiente são planejados, desenvolvidos, monitorados, registrados, arquivados e relatados (RDC nº 4, 2012).

Limite Máximo de Resíduo (LMR): É a quantidade máxima de resíduo de agrotóxico ou afim oficialmente aceita no alimento, em decorrência da aplicação adequada numa fase específica, desde sua produção até o consumo, expressa em partes (em peso) do agrotóxico, afim ou seus resíduos, por milhão de partes de alimento (em peso) (ppm ou mg/kg) (RDC nº 4, 2012).

Condução de Estudos de Resíduo

Estudos de resíduo são conduzidos com um agrotóxico em determinado uso em uma cultura e compreende principalmente as fases de campo e laboratório. Esses estudos normalmente passam por uma etapa de planejamento que é iniciada a partir da necessidade da condução do estudo e é finalizada com a emissão de um protocolo ou emissão do plano de estudo, quando o estudo for conduzido conforme as Boas Práticas de Laboratório.

A fase de campo inicia-se com a primeira aplicação e finaliza-se com o envio das amostras obrigatoriamente congeladas ao laboratório para análise. É extremamente importante obter e manter informações sobre o histórico de área para evitar possíveis problemas oriundos da aplicação de produtos conflitantes nas etapas seguintes do estudo.

Antes do início da fase de laboratório, as amostras devem ser homogeneizadas ainda congeladas (utilizando CO_2 ou N_2 líquido), não sendo permitido o fracionamento ou a redução para o preparo de amostras, a não ser que, para diferentes ingredientes ativos, o preparo dessas amostras seja diferenciado.

A análise no laboratório poderá ser feita com métodos individuais ou multirresíduos, desde que previamente validados pelo laboratório executor da análise. Deve ser realizada preferencialmente em um prazo máximo de 30 dias após a colheita, salvo casos em que haja comprovação de estabilidade das moléculas (e seus metabólitos) nas amostras estocadas a -20°C ou menos, conhecidos internacionalmente como "Storage Stability Study".

Cabe ressaltar que o sucesso ou fracasso de uma análise de resíduo está relacionado às etapas antecessoras da análise propriamente dita, que na maioria das vezes são realizadas pelos próprios agricultores. Ao contrário da análise de solo e planta para fins de fertilidade, aqui não há um procedimento padrão para a amostragem, pois a dinâmica das moléculas de agrotóxicos é particular para cada agrotóxico. A forma de armazenamento e envio para o laboratório também é muito importante, pois se trata de moléculas orgânicas que podem ser metabolizadas no período entre a amostragem e a análise.

A Figura 1 demostra o esquema simplificado das principais fases do estudo, considerando que estes sejam realizados conforme as Boas Práticas de Laboratório com o devido suporte da Unidade da Garantia da Qualidade (UGQ).

Figura 1   Esquema simplificado das principais etapas dos estudos de resíduo.

Planejamento

Esta é uma das etapas mais importantes na condução dos estudos de resíduo. Para que haja um planejamento adequado, várias informações são necessárias, como, por exemplo, dados de metabolismo, toxicologia e ecotoxicologia, assim como dados de eficácia e comportamento ambiental.

Conforme mencionado, o Plano de Estudo é um documento relevante quando se trata de estudos BPL e deve demonstrar o delineamento (fases operacionais) total do estudo de resíduo (campo e laboratório), seus objetivos e a forma de condução (RDC nº 4, 2012).

Fase de Campo

Os ensaios de campo são realizados de acordo com a norma para condução de ensaios de resíduos com herbicidas em nível de campo, segundo a RCD Nº 4. Em território brasileiro são conduzidos, para cada produto formulado, quatro ensaios de campo em quatro locais distintos e representativos de cada cultivo, na mesma safra ou em safras consecutivas nos mesmos locais.

Na aplicação exclusiva em pré-plantio ou em pré-emergência da cultura, exigem-se 2 (dois) ensaios de campo em locais distintos e representativos do cultivo, na mesma safra ou em safras consecutivas no mesmo local, se o resultado dos valores de resíduos for menor ou igual ao LOQ.

Na aplicação de herbicidas nas entrelinhas de culturas perenes em produção, serão exigidos 2 (dois) ensaios de campo em locais distintos e representativos do cultivo, na mesma safra ou em safras consecutivas no mesmo local, e, na hipótese de o resultado do resíduo ser maior ou igual ao valor do LOQ em pelo menos 1 (um) dos ensaios, 4 (quatro) ensaios deverão ser conduzidos.

Para as culturas de uso não alimentar, não será exigido estudo de resíduo, salvo em alimentos para animais e fumo, em que se exigirão 3 (três) e 2 (dois) ensaios de campo, respectivamente.

É importante mencionar que não se estabelecerá o intervalo de segurança nos seguintes casos: quando a última aplicação do agrotóxico ou afim houver sido feita em tratamento de sementes, pré-plantio ou pré-emergência da cultura e, quando tecnicamente justificável, em razão da modalidade de emprego do agrotóxico e afim.

Gerenciamento de Amostra

As amostras coletadas deverão, o mais rapidamente possível, ser acondicionadas em ambiente protegido de fatores externos que favoreçam a degradação/metabolização do agrotóxico.

O beneficiamento das amostras deverá respeitar o manejo reconhecidamente utilizado para a cultura. As amostras deverão ser armazenadas a -

20° C, ou a temperatura inferior, no prazo máximo de 24 horas da coleta ou logo após o processo de beneficiamento da respectiva cultura (quando aplicável). Após o congelamento das amostras, o transporte deve ser rastreável e deve garantir essa condição.

Fase de Laboratório

Equipamentos para a Análise de Resíduos de Agrotóxicos

Como em qualquer outra atividade, os equipamentos utilizados em análises de resíduos devem ter desempenho e capacidade adequados. Em particular, os equipamentos analíticos devem:

♦ ter as características mínimas relevantes especificadas no método;

♦ dispor de detectores de alta sensibilidade e seletividade, de forma a poder fornecer confiavelmente uma resposta à presença de resíduos na amostra;

♦ sofrer manutenção periódica (inclusive rotineiras), para garantir o bom funcionamento quando necessário;

♦ estar protegidos de fatores que afetem seu bom funcionamento (condições ambientais) ou que introduzam contaminação ao sistema.

Os equipamentos cromatográficos utilizados devem sempre ter ajustados/regulados os parâmetros relevantes para a análise em questão.

Substâncias de Referência (Padrões Analíticos)

A substância de referência é uma espécie química usada para estabelecer comparações como base para avaliação dos resíduos. São padrões analíticos de um agrotóxico ou seu(s) metabólito(s) com grau de pureza conhecido e certificado de análise, utilizados para o preparo de soluções de concentrações conhecidas que serão empregadas durante a preparação das amostras e no preparo das soluções de calibração (NIT-DICLA 028, 2003). Portanto, é de fundamental importância que todos os dados sobre esses produtos estejam disponíveis, tais como: pureza, origem, validade, condições de armazenamento e segurança. Para receber a denominação de padrão analítico, um composto deve apresentar pureza maior que 90% (salvo em raros casos) e suas impurezas devem ser conhecidas (RDC n° 4, 2012).

A manutenção do restrito controle sobre esses produtos, seja no recebimento, armazenagem ou uso, é imprescindível para a garantia dos resultados das análises. O controle se faz pelo estabelecimento de procedimentos claros, tais como restrição de acesso a essas substâncias e manutenção dos registros escritos dessas atividades (Cadeia de Custódia) (GARP, 2002).

Uma vez que essas substâncias não são geralmente utilizadas puras, mas em soluções (ditas soluções-padrão), é fundamental que a balança analítica utilizada para pesar a substância de referência obedeça aos critérios mencionados acima e que os procedimentos sejam claramente descritos e entendidos. Para o cálculo das concentrações, deve-se levar em conta a pureza da substância e fazer a correção apropriada. A concentração das soluções-padrão deve ser sempre expressa em unidades do Sistema Internacional de Unidades (SI), da forma usual recomendada pela IUPAC, geralmente em g L^{-1}, mg L^{-1}, mg L^{-1} e ng L^{-1}.

Solventes, Reagentes e Gases Cromatográficos

Para garantir a execução adequada das análises, é importante que os insumos utilizados (solventes, reagentes, gases cromatográficos, etc.) obedeçam aos critérios mínimos de qualidade especificados no método. As especificicações dos insumos devem atender ao método e suas impurezas não devem interferir no resultado das análises.

A utilização de solventes de alto grau de pureza, denominado grau HPLC ou grau para análise de resíduos, deve ser obrigatória para a confiabilidade dos resultados. O uso de reagentes de grau menor que o especificado deve ser precedido da verificação de ausência de interferentes na região cromatográfica ou espectroscópica de interesse. Esse teste (branco) deverá ser repetido sempre que se mudar o fornecedor e periodicamente no caso de se manter um mesmo fornecedor. A observância do prazo de validade e das condições de armazenamento é essencial para a garantia dos resultados, e a utilização de insumos fora desses parâmetros deve ser precedida de testes brancos que comprovem sua adequação ao objetivo do estudo em questão.

Os gases cromatográficos utilizados em cromatógrafos devem ter a pureza especificada pelo fabricante para o funcionamento adequado. O uso de gases fora da especificação dos fabricantes pode danificar o equipamento, além de comprometer o resultado das análises.

Todos os insumos críticos em relação à sua pureza devem ter certificados de análise associados indicando que as especificações foram obedecidas para aquele lote. No caso de gases, todo cilindro deve obedecer a essa exigência e a qualidade do gás deve ser testada em cada cilindro.

Para garantir que falsos resultados ou interferências nas análises não sejam oriundos de problemas com vidraria ou equipamentos contaminados, ou mesmo que lotes ou frascos específicos de solventes ou reagentes não tenham sido contaminados previamente ou após seu recebimento no laboratório, brancos de reagentes também são frequentemente conduzidos, mostrando a ausência de interferências na região cromatográfica de interesse, que nada mais é do que a aplicação do método analítico sem a presença do padrão analítico, da matriz e do padrão analítico. Muitas vezes conduz-se também um branco fortificado, que é um branco de reagentes adicionado de uma certa quantidade de substância de referência no início da análise. Sua função é comparar a eficiência do método na ausência e na presença de matriz, verificando a interferência desta na recuperação dos resultados.

Método de Análise

Embora os métodos analíticos convencionais para resíduos de agroquímicos sejam diferentes, pois dependem da(s) substância(s) e matriz(es) a serem analisada(s), todos compartilham o mesmo "esqueleto" básico, que é apresentado na Figura 2 .

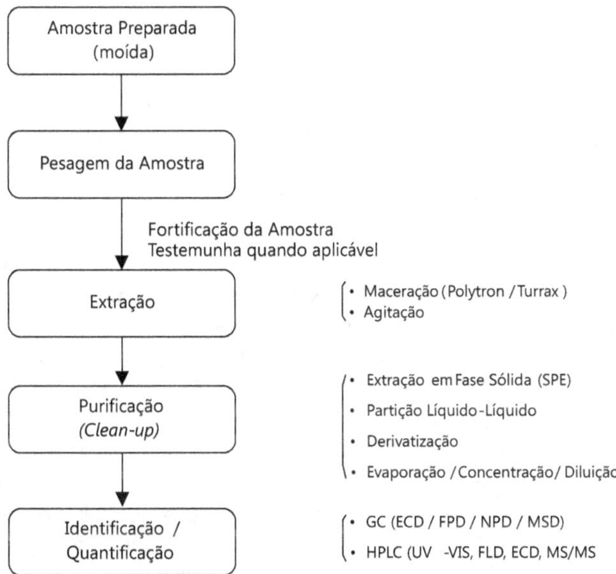

Figura 2 Fluxograma simplificado da análise convencional de resíduos. *Fonte:* GARP (2002).

A extração do(s) ingrediente(s) ativo(s) e/ou metabólito(s) é conduzida principalmente por uma das técnicas indicadas acima. O procedimento de extração é definido por quem desenvolveu o método original com amostras provenientes dos estudos de metabolismo em plantas, utilizando-se técnicas radioquímicas.

A purificação (*clean-up*) do extrato da amostra com isolamento do(s) analito(s) é, com certeza, a fase mais demorada e intensiva, na maioria dos casos. É completada por uma sequência de procedimentos, utilizando-se uma ou mais das seguintes técnicas: extração em fase sólida (*solid phase extraction*), partição líquido-líquido, diluição, evaporação (concentração do extrato), centrifugação, purificação em colunas de troca aniônica, catiônica, etc.

Em muitos casos, a derivatização, que é a reação do(s) analito(s) com um reagente que lhe(s) dará uma característica analítica interessante, é utilizada para permitir a utilização de técnicas analíticas mais sensíveis e/ou seletivas.

A identificação e quantificação do(s) analito(s) no extrato purificado da amostra de resíduos acontecem invariavelmente em equipamentos bastante sensíveis e seletivos. A maior parte das análises de resíduos atualmente se faz por cromatografia. Cromatógrafos gasosos, operando colunas capilares de alta resolução, são acoplados a detectores de captura de elétrons (ECD), fotométricos de chama (FPD), nitrogênio-fósforo (NPD) ou espectrométricos de massas (CG/MS ou GC/MS/MS). Cromatógrafos líquidos de alto desempenho, operando colunas convencionais ou *microbore*, são acoplados a detectores de absorção no ultravioleta-visível de alta sensibilidade (UV-Vis), de arranjo de fotodiodos (DAD), de fluorescência (FLD) ou espectrométricos de massas (LC/MS/MS).

Ressaltando que, dentre as várias opções existentes atualmente acerca de quantificação, a espectrometria de massas é a técnica que melhor fornece as informações estruturais necessárias; e o acoplamento entre as técnicas de cromatografia líquida e gasosa com a espectrometria de massas (respectivamente, LC/MS/MS e CG/MS) dá origem a uma ferramenta analítica versátil e de grande potencial na análise qualitativa e quantitativa.

Uma recente tecnologia, o Sistema de separação UltraPerformance LC (UPLC), elimina tempo e custo significativos por amostra de seu processo analítico, enquanto melhora a qualidade dos seus resultados. Ao superar o desempenho do HPLC tradicional ou otimizado, o sistema permite que os cromatógrafos trabalhem com eficiências mais altas em uma variação mais ampla de velocidades lineares, taxas de fluxo e contrapressões. Essa tecnologia, que foi adotada com sucesso em laboratórios do mundo todo para as separações mais exigentes, é um sistema altamente robusto, confiável e reprodutível e também pode ser utilizado para a quantificação de resíduos.

Dentro da técnica de quantificação de amostras, algumas medidas preliminares são necessárias, como a checagem da repetitividade e linearidade do sistema de medição.

Validação do Método

O uso de determinada metodologia analítica deve sempre ser precedida da verificação de sua aplicabilidade ao propósito específico. A validação da metodologia proposta permite verificar essa aplicabilidade. A utilização de métodos validados em um ou mais laboratórios que não realizarão as análises deve ser precedida por uma avaliação da conformidade ou validação desse método.

Não há uma padronização internacional nem consenso científico de como um método de resíduos deve ser validado. Entretanto, muitos organizações internacionais estão trabalhando para criar diretrizes harmonizadas (GARP, 2002).

Condições que determinam a validade de um método variam em função das condições operacionais do laboratório, bem como das práticas utilizadas pelos profissionais envolvidos. Mudanças substanciais nas condições em que as análises são feitas (materiais ou humanas) deveriam determinar a necessidade de uma revalidação do método (CODEX, 1997).

A validação da metodologia de análise de resíduos de agrotóxicos tem por fundamento verificar a adequação dos procedimentos propostos ou estabelecidos para a combinação específica ingrediente ativo–matriz (ou amostras do sistema-teste), dentro de determinados parâmetros operacionais do laboratório executante.

Durante o processo de validação, os parâmetros do método são estabelecidos. Por parâmetros do método entendem-se: Exatidão, Precisão, Limite de Detecção (LOD), Limite de Quantificação (LOQ), Especificidade, Linearidade, Faixa e Robustez.

Para a validação do sistema de extração, necessita-se submeter uma amostra que tenha sido tratada no campo (ou casa de vegetação) com o agrotóxico radiomarcado com ^{14}C ao mesmo sistema de extração proposto; a análise dessa amostra se dá com o uso de cintilografia líquida. A identidade do resíduo encontrado deverá ser passível de confirmação por procedimento definido na validação do método.

♦ Especificidade (Seletividade)

Segundo a Association of Official Agricultural Chemists (AOAC), a especificidade (seletividade) é a habilidade de um método mensurar apenas o que é pretendido medir, sendo assim, um método analítico deve ser capaz de fornecer um resultado quantitativo do nível de resíduos de um agrotóxico, mesmo na presença de outras substâncias na(s) amostra(s).

É imprescindível que amostras testemunhas do(s) mesmo(s) ensaio(s) de campo e estado(s) fisiológico(s) da cultura sejam analisadas ou possuam características semelhantes às daquela a ser analisada. Quando possível, deverá ser um exemplar que não foi submetido ao tratamento com a substância teste ou qualquer agrotóxico (GARP, 2002).

Para fins de condução de recuperações, o nível de contaminação e/ou interferência na análise de determinado composto deve ser correspondente a no máximo 30% do LOQ.

♦ Linearidade

Define a habilidade do método em obter os resultados de teste proporcionais à concentração do analito (AOAC, 2012). É conhecida também como curva de calibração representada por um gráfico (Concentração x Resposta do Detector) – obtida pelo resultado da injeção dos padrões de calibração em diferentes concentrações – e deve ser avaliada periodicamente (GARP, 2002). É recomendável que a ordem de injeção das soluções-padrão seja crescente; devem ser injetadas pelo menos a cada cinco injeções de amostras durante a condução do estudo para avaliação da aceitabilidade da última curva de calibração.

Uma curva de regressão aceitável deve apresentar um coeficiente de correlação (r) maior ou igual a 0,99 e seu coeficiente de variação porcentual (CV%) deve ser menor ou igual a 10% em relação às médias de cada padrão.

Os resultados da checagem devem ser inferiores ou iguais a 15% do resultado obtido na última curva de calibração gerada; caso contrário, uma nova curva de calibração deve ser produzida.

♦ Faixa Linear de Trabalho

É a proporcionalidade entre a concentração da substância de referência e a resposta fornecida pelo sistema de medição, sendo o conjunto de valores dos mensurandos para os quais se pretende que os erros de medição de um instrumento estejam dentro de limites especificados (IUPAC Orange Book, 2002-2003).

A solução-padrão de menor concentração da curva de calibração deverá ser no mínimo £ ½ LOQ. Sugere-se que a concentração das soluções-padrão seguintes seja pelo menos equivalente ao LOQ, 2x LOQ, 5x LOQ e 10x LOQ. Caso o resultado de uma amostra (testemunha fortificada ou tratada) resulte em concentrações acima da faixa determinada, a amostra deverá ser diluída e reinjetada.

◆ Robustez

A robustez de um procedimento analítico é uma medida de sua capacidade de produzir resultados equivalentes mesmo com pequenas variações nos parâmetros do método e indica sua confiabilidade durante uma normal utilização (ICH, 1995)

Ela poderá ser avaliada após sua aplicação onde parâmetros são intencionalmente modificados, tais como: analistas, variedades de matrizes, dias de análise, marcas de reagentes/solventes, equipamentos, laboratórios, etc.

◆ Exatidão

Representa o grau de concordância entre os resultados individuais encontrados em um determinado ensaio e um valor de referência aceito como verdadeiro. Em análise de resíduos, é determinada com base nos experimentos de recuperação em todos os níveis estudados. É a proximidade de concordância entre um valor médio obtido de um largo conjunto de resultados de testes a um valor de referência aceitável (ISO 3534-1, 2006).

Para determinar essa robustez, uma amostra testemunha à qual foi adicionada determinada quantidade da solução padrão de referência (solução de fortificação de concentração conhecida do princípio ativo) é quantificada para a garantia da eficiência da metodologia de análise por meio da verificação da recuperação do ativo, que deve estar entre 70% e 120%.

O nível de fortificação é geralmente um valor associado ao LOQ para amostras fortificadas e deve possuir um nível superior que poderá ser, por exemplo, de 10x LOQ (o mais usual), 50x LOQ ou 100x LOQ. Importante ressaltar que, caso alguma amostra tratada apresente resíduo superior ao maior nível de fortificação, esse método deverá ser revalidado para um nível igual ou superior ao resíduo encontrado, a fim de garantir a confiabilidade do resultado.

O intervalo de aceitabilidade para os valores individuais de recuperação é de 70-120%, segundo a Agência Nacional de Vigilância Sanitária (ANVISA). O coeficiente de variação porcentual (CV%) em relação à média global (de todos os níveis de fortificação) deverá ser ≤ 20%, sendo calculado a partir da equação abaixo (eq. 1);

$$CV\,(\%) = \frac{S}{X} \times 100 \tag{1}$$

em que: S é o desvio-padrão e X, a média aritmética dos dados.

Caso a condição acima não seja atingida, deve-se conduzir mais recuperações, recalcular a média e o desvio-padrão e reaplicar o critério. Se, pela segunda vez, o critério não for atingido, deve-se alterar o método.

Recuperações não demonstram por si exatidão ou tendências de resultados. Desta forma, o laboratório deverá participar regularmente de testes de proficiência (testes interlaboratoriais), quando disponíveis ou acessíveis.

◆ Precisão

Representa a dispersão de resultados entre ensaios independentes, repetidos de uma mesma amostra, amostras semelhantes ou padrões, sob condições definidas.

É a proximidade de concordância entre um resultado de teste e um valor de referência aceito (ISO 3534-1, 2006).

A precisão em validação de métodos é considerada em três níveis diferentes: repetitividade, precisão interna e reprodutibildade.

◆ Repetitividade

A repetitividade envolve várias medições da mesma amostra, em diferentes preparações, algumas vezes é denominada de precisão-intraensaio ou intracorrida e pode ser expressa por meio da estimativa do desvio-padrão relativo.

Não se deve confundir repetitividade com precisão instrumental, a qual é medida pelas injeções repetitivas, sequenciais, da mesma amostra; normalmente, um padrão de calibração seguido pela média dos valores da área ou altura do pico e determinação da estimativa do desvio-padrão relativo de todas as injeções. Na precisão instrumental, o coeficiente de variação porcentual (CV%) em relação à média global (de todas as injeções) deverá ser ? 5% (GARP, 2002).

◆ Reprodutibilidade

É a dispersão dos resultados de recuperação, usando o mesmo método em diferentes laboratórios, por diferentes analistas ou dentro de um período de tempo no qual diferenças em materiais e equipamentos usados ocorrerá (DOQ-CGRE-008, 2011).

Reprodutibilidade interna (intermediária) é aquela produzida em um único laboratório sob as condições citadas. Esse parâmetro é avaliado somente quando desejável.

◆ Incerteza de medição

Para o propósito de determinação da incerteza de medição de determinado método analítico, utilizam-se os conceitos de exatidão e precisão descritos acima.

No caso de análises de resíduos, a incerteza associada aos instrumentos (metrológica) é muito menor que aquela associada ao processo analítico em si, de forma que a estimativa da incerteza de medição é mais bem descrita pela incerteza no processo.

◆ Limites de Detecção (LOD) e de Quantificação (LOQ)

Para os métodos analíticos que informam o LOQ para a matriz a ser estudada, é necessária a confirmação de que no limite estabelecido no método de referência temos recuperações aceitáveis.

A habilidade de um laboratório em executar uma metodologia dentro do LOQ proposto pelo método de referência deve ser avaliada antes da análise das amostras tratadas. Há várias formas de se verificar essa habilidade.

A forma que a GARP (Grupo de Analistas de Resíduos de Pesticidas) recomenda é descrita a seguir:

◆ Conduzir no mínimo cinco recuperações no $LOQ_{proposto}$ (fortificação no nível 1). Calcular a quantidade recuperada em cada determinação (mg kg^{-1}).

◆ Calcular a média $(\overline{X})$ e o desvio-padrão (s) das quantidades recuperadas e o $LOQ_{estatístico}$, definido como $10 \times s$. O $LOQ_{proposto}$ é considerado aceitável quando for maior ou igual ao $LOQ_{estatístico}$.

◆ Caso a condição acima não seja atingida, deve-se conduzir mais recuperações, recalcular o desvio-padrão e reaplicar o critério.

◆ Se, pela segunda vez, o critério não for atingido, deve-se alterar o método ou o $LOQ_{proposto}$ (após acordo com o patrocinador).

O LOD deve ser determinado nas condições específicas da matriz em estudo. Este deve ser calculado como $3 \times s$, em que s é o desvio-padrão das quantidades recuperadas no cálculo do $LOQ_{estatístico}$, acima. Se o LOD do instrumento for maior que esse valor, prevalecerá o maior. Quando o método não informa o LOQ para a matriz a ser analisada, este deverá ser dez vezes superior aos interferentes da testemunha no tempo de retenção do pico de interesse.

Nesse caso, o LOD para a matriz em questão será determinado pela injeção da solução de calibração no nível do LOQ calculado e, se necessário, suas diluições, até que sua resposta seja três vezes superior aos interferentes da testemunha no tempo de retenção do pico de interesse.

Cálculos Envolvidos na Análise de Resíduo

♦ Resíduo Encontrado

O cálculo da concentração dos resíduos encontrados é realizado usando-se a resposta do detector (área ou altura) de cada princípio ativo relativo à respectiva injeção da amostra. Esses cálculos se basearão na curva de calibração obtida da injeção de no mínimo três concentrações diferentes dos padrões de trabalho, conforme equação a seguir (eq. 2):

$$C_A = \frac{Resposta - Interseção}{Slope} \qquad (2)$$

em que:

C_A = concentração do analito obtida a partir da curva de calibração (ng Ml^{-1});

Resposta = resposta da amostra (área ou altura do pico);

Interseção = valor do coeficiente linear da reta obtida na curva de calibração;

Slope = valor correspondente ao coeficiente angular da reta obtida na curva de calibração.

A concentração determinada anteriormente é utilizada na equação para determinar o resíduo encontrado nas amostras (equações 3 e 4), e leva em consideração todas as etapas do método de análise, como, por exemplo, etapas de diluição, alíquotas retiradas, etc.

$$F_R = \frac{V_1 * V_3}{P * V_2} = \qquad (3)$$

$$R_E = C_A \times F_R \times F_D \qquad (4)$$

em que:

RE = resíduo encontrado (mg kg^{-1});

CA = concentração do analito obtida a partir da curva de calibração (ng Ml^{-1});

FR = fator de alíquota (representa as alíquotas tomadas e as diluições na marcha analítica);

FD = fator de diluição (quando aplicável);

P = quantidade da amostra tomada para análise;

V1 = volume de solvente usado para extração;

V2 = alíquota do extrato tomada para análise;

V3 = volume usado para diluição final.

♦ Recuperação

A recuperação de um analito após sua análise significa estabelecer a porcentagem de eficiência de um procedimento analítico quando executado naquele laboratório. Analisam-se recuperações a partir de amostras fortificadas, que são amostras testemunhas adicionadas de uma quantidade conhecida de uma solução preparada a partir da substância de referência. É calculada a partir do balanço de massa para a amostra em questão (eq. 5):

$$\% \text{ recuperação} = \frac{(mg/kg)_{\text{encontrado na fortificação}} - (mg/kg)_{\text{encontrado na testemunha}}}{(mg/kg)_{\text{adicionado à testemunha antes da análise}}} \times 100\% \quad (5)$$

Sendo a recuperação um resultado de análises, ela está também sujeita à variabilidade inerente ao método. Portanto, conduzir apenas uma recuperação é de pouco valor para determinar a conformidade ao método analítico em questão.

Expressão de Resultados

Amostras testemunhas somente serão consideradas satisfatórias quando a concentração dos interferentes no tempo de retenção do princípio ativo for menor ou igual a 30% do LOQ .

Qualquer resíduo (mg kg^{-1}) encontrado nas amostras testemunhas será subtraído do resíduo encontrado nas amostras fortificadas, com exceção das amostras fortificadas diluídas. As recuperações são expressas com "% recuperado", em número inteiro, em relação à quantidade adicionada durante a fortificação. Por regulamentação brasileira, os resultados de recuperação deverão estar todos entre 70 e 120%, e não somente a média.

Todos os resultados abaixo do LOD e do LOQ devem ser reportados como "< *LOQ*" (em que *LOQ* é o valor numérico do limite de quantificação). Valores acima do LOQ devem ser reportados numericamente, observando-se a precisão do método e o número correto de algarismos significativos, conforme descrito na Tabela 1.

Tabela 1 Expressão de resultados na análise de resíduo.

Localidade	Amostra	Dose do IA (Unidade)	Dias após o tratamento	Resultado (mg/kg)
	Testemunha	–	–	Y1
	(Identificação)	Z	X	Y2

Z – dose; X – número de dias; Y1 – concentração na amostra testemunha analisada (<LOQ ou até 30% acima do LOQ); Y2 – concentração na amostra tratada (se o resultado for inferior ao LOQ colocar <LOQ).

Em LOQ colocar o valor numérico inferior ao qual o método foi validado.

Reporte de Resultados

Os relatórios podem variar em alguns itens em função das particularidades do estudo ou de requerimentos do solicitante e até mesmo legais.

Um ou mais relatórios parciais podem ser emitidos, desde que seus respectivos Relatórios Finais contenham todas as informações geradas, como, por exemplo, informações sobre todas as fases do estudo.

Referências Bibliográficas

ABNT – Associação Brasileira de Normas Técnicas. **ABNT NBR 13.694 – Equipamentos de proteção respiratória – Peças semifacial e um quarto facial.** Rio de Janeiro, 1996. 23 p.

ABNT – Associação Brasileira de Normas Técnicas. **ABNT NBR 13.696 – Equipamentos de proteção respiratória – Filtros químicos e combinados.** Rio de Janeiro, 2010b, 16 p. ABNT – Associação Brasileira de Normas Técnicas. **ABNT NBR 13.697 – Equipamentos de proteção respiratória – Filtros para partículas.** Rio de Janeiro, 2010a. 13 p.

ABNT – Associação Brasileira de Normas Técnicas. **ABNT NBR 13.698 - Equipamentos de proteção respiratória – Peça semifacial filtrante para partículas.** Rio de Janeiro, 2011. 24 p.

AGRESTI, A. **Analysis of ordinal categorical data.** Nova York: Wiley, 2010. 424 p.

ASOCIACIÓN LATINOAMERICANA DE MALEZAS – ALAM. Recomendaciones sobre unificación de los sistemas de evaluación en ensayos de control de malezas. **ALAM**, v. 1, n. 1, p. 35-38, 1974.

ASSOCIAÇÃO NACIONAL DE DEFESA VEGETAL. **Ciência alimentando o Brasil e o mundo.** 2015. Disponível em: http://www.andef.com.br/institucional/ciencia-alimentando-o-brasil-e-o-mundo. Acesso em: 01 jun.2015.

ASSOCIAÇÃO NACIONAL DE DEFESA VEGETAL. **Posionamento da Andef:** o uso de tecnologias na produção de alimentos. 2011. Disponível em: <http://www.andef.com.br/imprensa/noticias/1016-posionamento-da-andef> Acesso em: 01 jun.2015.

Association of Official Agricultural Chemists (AOAC). Disponível em: <http://www.eoma.aoac.org/app_I.pdf> Acesso em: 17 jul.2015.

BANZATTO, D. A.; KRONKA, S. N. **Experimentação agrícola.** Jaboticabal, SP: Funep/FCAV-UNESP, 1995. 247 p.

BARBIN, D. **Planejamento e análise estatística de experimentos agronômicos.** Arapongas, PR: Midas, 2003. 194 p.

BBCH-scale: Growth Stages of Mono- and Dicotyledonous- Plants, BBCH Monograph, 2 edition, 2001, ed. Uwe Meier, Federal Biological Research Centre for Agriculture and Forestry (nd www.bba.de/veroeff/bbch/bbcheng.pdf). Verificar: não consegui pradronizar pela ABNT.

BECKIE, H. J.; HEAP, I. A.; SMEDA, R. J.; HALL, L. M. Screening for herbicide resistance in weeds. **Weed Technology**, v. 14, p. 428-445, 2000.

BERGSTROM, L. Leaching of agrochemicals in fi eldlysimeters – a method to test mobility of chemicals in soil. In: CORNEJO, J., JAMET, P. (Eds.). **Pesticide/soil interactions. Some current research methods** Paris: INRA, 2000. p. 279-285.

BONSALL, J. L. Measurement of occupational exposure to pesticide. In: TURNBULL, G. I. **Occupational hazards of pesticide use.** London: Taylor e Francis, 1985. p. 13-33.

BORSANO, P. R.; BARBOSA, R. P.; SOARES, S. P. S. **Equipamentos de segurança.** 1.

ed. São Paulo: Editora Érica Ltda, 2014b. 120 p.

BORSANO, P. R.; RIVERS, R.; FUSCO, M. **Proteção e prevenção de perdas no ambiente organizacional**. 1. ed. São Paulo: Editora Érica Ltda, 2014a. 120 p.

BOUTSALIS, P. Syngenta quick-test: a rapid whole-plant test for herbicide resistance. **Weed Technology**, v. 15, p. 257-263, 2001.

BRASIL. **Decreto 4.074, de 04-01-2002. Dispõe sobre a regulamentação da lei 7802/89 - sobre agrotóxicos**. Disponível em: <http://www.ibamapr.hpg.ig.com.br/4074D.htm>. Acesso em: 20 maio 2015b.

BRASIL. Ministério da Saúde - Secretaria Nacional de Vigilância Sanitária. **Portaria nº 03, de 16-01-1992. Ratifica os termos das "Diretrizes e exigências referentes à autorização de registros, renovação de registro e extensão de uso de produtos agrotóxicos e afins - nº 1, de 9 de dezembro de 1991"**. Disponível em: < http://brasilsus.com.br/legislacoes/anvisa/16889-3.html > Acesso em: 20 maio 2015e.

BRASIL. **NR 01 – Disposições gerais**. Brasília, 2009. Disponível em: < http://portal.mte.gov.br/ data/files/FF8080812BE914E6012BEF0F7810232C/nr_01_at.pdf >. Acesso em: 20 maio 2015d.

BRASIL. **NR 06 - Equipamento de proteção individual – EPI**. Disponível em: < http://portal.mte.gov.br/data/files/FF8080814CD7273D014D34C6B18C79C6/NR-06%20(atualizada)%202015.pdf >. Acesso em: 20 maio 2015f.

BRASIL. **NR 09 - Programa de prevenção de riscos ambientais**. Brasília, 2014. Disponível em: < http://portal.mte.gov.br/data/files/FF80808148EC2E5E014961B76D3533A2/NR-09%20(atualizada%202014)%20II.pdf >. Acesso em: 20 maio 2015c.

BRASIL. **NR 31 - Segurança e Saúde no Trabalho na Agricultura, Pecuária Silvicultura, Exploração Florestal e Aquicultura**. Brasília, 2013. Disponível em: < http://portal.mte.gov.br/data/files/8A7C812D33EF459C0134561C307E1E94/NR31%20(atualizada%202011).pdf >. Acesso em: 20 maio 2015a.

BRASIL. **Portaria nº 452, de 20-11-2014. Estabelece as normas técnicas de ensaios e os requisitos obrigatórios aplicáveis aos Equipamentos de Proteção Individual - EPI enquadrados no Anexo I da NR-6 e dá outras providências**. Disponível em: < http://portal.mte.gov.br/data/files/FF8080814B74A055014B7531FB0D4A7E/Portaria%20DSST_SIT%20nº%20452%20Normas%20Técnicas%20de%20Ensaio%20para%20EPI%20II.pdf >. Acesso em: 20 maio 2015g.

BRONAUGH, R. L. In vitro methods for the percutaneous absorption of pesticides. In: HONEYCUTT, R. C.; ZWEIG, G.; RAGSDALE, N. N. (Eds.). **Dermal exposure related to pesticide use - discussion of risk assessment**. Washington: ACS, 1985. p. 33-41.

BROUWER, D. H.; BROUWER, R.; DE VREEDE, J. A. F.; DE MIK, G.; VAN HEMMEN, J. J. Respiratory exposure to field-strength dusts in greenhouses during application and after re-entry. **TNO Health Research - Annual report 1990**, 1990. p. 183-184.

BRUSSEAU, M. L., JESSUP, R. E., RAO, P. S. C. Nonequilibrium sorption of organic chemicals: elucidation of rate-limiting processes. **Environmental Science Technology**, v. 25, p. 134-142, 1991.

BURGOS, N. R.; TRANEL, P. J.; STREIBIG, J. C.; DAVIS, V. M.; SHANER, D.; NORSWORTHY, J. K.; RITZ, C. Review: confirmation of resistance to herbicides and evaluation of resistance. **Weed Science,** v. 61, n. 1, p. 4-20, 2013.

BYERS, M. E.; KAMBLE, S. T.; WITKOWSKI, J. F.; ECHTENKAMS, G. Exposure of a mixer-loader to insecticides applied to Corn via a center-pivot irrigation system. **Bull. Environm. Contam. Toxicol,** v.49, p. 58-65, 1992.

CAMPOS, A. **CIPA – Comissão interna de prevenção de acidentes: uma nova abordagem.** 20 ed. São Paulo: Editora Senac, 1999. 375 p.

CAMPOS, H. **Estatística aplicada à experimentação com cana-de-açúcar.** Piracicaba, SP: FEALQ, 1984. 292 p.

CANTO-DOROW, T. S. **O gênero *Digitaria* Haller (*Poaceae – Panicoideae – Poniceae*) no Brasil.** 2001. 386 f. Tese (Doutorado) – Universidade Federal do Rio Grande do Sul, Porto Alegre.

CARVALHO, S. J. P.; BUISSA, J. A. R.; NICOLAI, M.; LÓPEZ-OVEJERO, R. F.; CHRISTOFFOLETI, P. J. Suscetibilidade diferencial de plantas daninhas ao gênero *Amaranthus* aos herbicidas trifloxysulfuron-sodium e chlorimuron-ethyl. **Planta Daninha,** v. 24, n. 3, p. 541-548, 2006.

CARVALHO, S. J. P.; DIAS, A. C. R.; SHIOMI, G .M.; CHRISTOFFOLETI, P. J. Adição simultânea de sulfato de amônio e uréia à calda de pulverização do herbicida glyphosate. **Planta Daninha,** v. 28, n. 3, p. 575-584, 2010.

CARVALHO, S. J. P.; LOMBARDI, B. P.; NICOLAI, M.; LÓPEZ-OVEJERO, R. F.; CHRISTOFFOLETI, P. J.; MEDEIROS, D. Curvas de dose-resposta para avaliação do controle de fluxos de emergência de plantas daninhas pelo herbicida imazapic. **Planta Daninha,** v. 23, n. 3, p. 535-542, 2005.

CARVALHO, S. J. P.; LÓPEZ-OVEJERO, R. F.; MOYSÉS, T. C.; CHAMMA, H. M. C. P.; CHRISTOFFOLETI, P. J. Identificação de biótipos de *Bidens* spp. resistentes aos inibidores da ALS através de teste germinativo. **Planta Daninha,** Viçosa, v. 22, n. 3, p. 411-417, 2004.

CBRPH (Comitê Brasileiro de Resistência de Plantas a Herbicidas). **Resistência de plantas daninhas a herbicidas.** É melhor prevenir do que remediar. Londrina: SBCPD, 2000. 32 p.

CHRISTOFFOLETI, P. J. Bioensaio para determinação da resistência de plantas daninhas aos herbicidas inibidores da enzima ALS. **Bragantia,** v. 60, n. 3, p. 261-265, 2001.

CHRISTOFFOLETI, P. J. Curvas de dose-resposta de biótipos resistente e suscetível de *Bidens pilosa* L. aos herbicidas inibidores da ALS. **Scientia Agricola,** v. 59, n. 3, p. 513-519, 2002.

CHRISTOFFOLETI, P. J. Curvas de dose-resposta de biótipos resistente e suscetível de *Bidens pilosa* L. aos herbicidas inibidores da ALS. **Scientia Agricola,** v. 59, p. 513-519, 2002.

CHRISTOFFOLETI, P. J.; LÓPEZ-OVEJERO, R. F. Resistência das plantas daninhas a herbicidas: definições, bases e situação no Brasil e no mundo. In: CHRISTOFFOLETI, P. J. (Coord.). **Aspectos de resistência de plantas daninhas a herbicidas.** 3.ed. Piracicaba: HRAC-BR, 2008. p. 3-30.

CHRISTOFFOLETI, P. J.; MEDEIROS, D.; MONQUEIRO, P. A.; PASSINI, T. Plantas daninhas à cultura da soja: controle químico e resistência a herbicidas. In: CÂMARA, G. M. S. (Ed.). **Soja:** tecnologia da produção. Piracicaba: ESALQ, 2000. p. 179-202.

CHRISTOFFOLETI, P. J.; MOREIRA, M. S.; RIBEIRO, D. N.; CARVALHO, S. J. P.; NICOLAI, M. Considerações sobre métodos de caracterização da resistência e resultados experimentais obtidos no Brasil e no exterior para resistência ao glyphosate. In: CONGRESSO BRASILEIRO DA CIÊNCIA DAS PLANTAS DANINHAS, 25., Brasília, 2006. **Palestras...** Brasília: SBCPD, 2006. 6 p. CD-ROM.

CHRISTOFFOLETI, P. J.; TRENTIN, R.; TOCCHETTO, S.; MARODCHI, A.; GALLI, A. J.; LÓPEZ-OVEJERO, R. F.; NICOLAI, M. Alternative herbicides to manage Italian ryegrass (*Lolium multiflorum* Lam.) resistant to glyphosate at different phenological stages. **Journal of Environmental Science and Health,** Part B, v. 40, n. 1, p. 59-67, 2005.

CIRUJEDA, A.; RECASENS, J.; TABERNER, A. A qualitative quick-test for detection of herbicide resistance to tribenuron-methyl in *Papaver rhoeas*. **Weed Research,** v. 41, p. 523-534, 2001.

COCHRAN, W. G.; COX, G. M. **Experimental designs**. 2. ed. Nova York: Wiley, 1957. 611 p.

COCKER, K. M.; COLEMAN, J. O. D.; BLAIR, A. M.; CLARKE, J. H.; MOSS, S. R. Biochemical mechanisms of cross-resistance to aryloxyphenoxypropionate and cyclohexanedione herbicides in populations of *Avena* sp. **Weed Research,** v. 40, p. 323-334, 2000.

CONCENÇO, G.; MELO, P. T. B. S.; ANDRES, A.; FERREIRA, E. A.; GALON, L.; FERREIRA, F. A.; SILVA, A. A. Método rápido para detecção de resistência de capim-arroz (*Echinochloa* spp.) ao quinclorac. **Planta Daninha,** v. 26, n. 2, p. 429-437, 2008.

CRISTÓFORO, A. B.; MACHADO NETO, J. G. Segurança das condições de trabalho de tratorista em aplicações de herbicida em soja e amendoim e eficiência de equipamentos de proteção individual. **Revista Brasileira de Engenharia Agrícola e Ambiental,** v. 27, p. 1-9, 2007.

DAGNELIE, P. **Principles d'experimentation**: planification des expériences et analyse de leurs résultats. Bélgica: Les Press Agronomiques de Gembloux, 2012. 413 p.

DAVIES, J. E. et al. Protective clothing studies in the field: an alternative to reentry. In: PLIMMER, J. R. **Pesticide residues and exposure**. Washington: ACS, 1982. p. 170-82.

DEDEK, W. Solubility factors affecting pesticide penetration through skin and protective clothing. In: TORDOIR, W. F., VAN HEEMSTRA-LEQUIM, E. A. H. Field worker exposure during pesticide application. Amsterdam: Elsevier, 1980. p. 47-50.

DÉLYE, C.; MATÉJICEK, A.; GASQUEZ, J. PCR-based detection of resistance to acetyl-CoA carboxylase-inhibiting herbicides in black-grass (*Alopecurus myosuroides* Huds) and ryegrass (*Lolium rigidum* Gaud). **Pest Management Science,** v. 58, p. 474-478, 2002.

DÉLYE, C.; MENCHARI, Y.; MICHEL, S. A single polymerase chain reaction-based assay for simultaneous detection of two mutations conferring resistance to tubulin-binding herbicides in *Setaria viridis*. **Weed Research,** v. 45, p. 228-235, 2005.

DIAS, A. C. R.; CARVALHO, S. J. P.; CHRISTOFFOLETI, P. J. Fenologia da trapoeraba como indicador para tolerância ao herbicida glyphosate. **Planta Daninha,** v. 31, n. 1, p. 185-191, 2013.

DIAS, N. M. P.; REGITANO, J. B.; CHRISTOFFOLETI, P. J.; TORNISIELO, V. L. Absorção e translocação do herbicida diuron por espécies suscetíveis e tolerantes de capim-colchão (*Digitaria* spp.). **Planta Daninha,** v. 21, n. 2, p. 293-300, 2003.

DIRETORIA COLEGIADA DA AGÊNCIA NACIONAL DE VIGILÂNCIA SANITÁRIA. **RDC n° 04.** 2012. Dispõe sobre os critérios para a realização de estudos de resíduos de agrotóxicos para fins de registro de agrotóxicos no Brasil. Disponível em: http://bvsms.saude.gov.br/bvs/saudelegis/anvisa/2012/res0004_18_01_2012.html. Acesso em: 17.jul. 2015.

DURHAM, W. F.; WOLFE, H. R. Measuremente of the exposure of workers to pesticides. **Bull. Wld. Hlth. Org.,** v. 26, p. 75-91, 1962.

ENDORADOBRASIL. 2015. Disponível em: < http://www.painelflorestal.com.br/noticias/mercado/ eldorado-brasil-busca-profissionais-em-agua-clara-e-tres-lagoas? utmcampaign=newsletter_gabarito _13052015_floresta&utm_medium=email& utm_source=RD+Station >. Acesso em: 12 maio 2015.

EUROPEAN AND MEDITERRANEAN PLANT PROTECTION ORGANIZATION (EPPO). **Efficacy evaluation of plant protection products. Effects on succeeding crops.** 2007. 8 p.

EUROPEAN COMISSION. **Guidance Document on Persistence in Soil.** 2000. 17 p.

EUROPEAN FOOD SAFETY AUTHORITY (EFSA). **Opinion of the scientific panel on plant protection products and their residues on a request from the commission related to the revision of Annex II and III to Council Directive 91/414/EEC concerning the placing of plant protection products on the market:** fate and behaviour in the environment, 448. 2007. p. 1-17,

EWRC – EUROPEAN WEED RESEARCH COUNCIL. Report of the 3nd and 4th meetings of EWRC. Committee of Methods in Weed Research. **Weed Research,** v. 4, p. 88, 1964.

FENG, P. C. C.; TRAN, M.; CHIU, T.; SAMMONS, R. D.; HECK, G. R.; CAJACOB, C. Investigations into glyphosate resistant horseweed (*Conyza canadensis*): retention, uptake, translocation and metabolism. **Weed Science,** v. 52, p. 498-505, 2004.

FINNEY, D. J. **Statistics for biologists.** London: Chapman & Hall, 1980. 165 p.

FRANKLIN, A. C. Occupational exposure to pesticides and its role in risk assessment procedures used in Canada. In: HONEYCUTT, R. C.; ZWEIG, G.; RAGSDALE, N. N. (Eds.). Dermal exposure related to pesticide use - discussion of risk assessment. Washington: ACS, 1985. p. 429-444.

FRANKLIN, C. A., MUIR, N. I., GREENHAGH, R. The assessment of potential health hazards to orchardists spraying pesticides. In: PLIMMER, J. R. **Pesticide residues and exposure.** Washington: ACS, 1982. p. 157-168.

FUNDACENTRO – Fundação Jorge Duprat Figueiredo de Segurança e Medicina do Trabalho. **Programa de proteção respiratória – recomendações, seleção e uso de respira-**

dores. São Paulo, 2002. Disponível em: < http://www.fundacentro.gov.br/biblioteca/biblioteca-digital/publicacao/detalhe/20 13/3/programa-de-protecao-respiratoria-recomendacoes-selecao-e-uso-de-respiradores >. Acesso em: 20 maio 2015.

GARCIA, E. G., ALMEIDA, W. F. de. Exposição de trabalhadores aos agrotóxicos no país. **Rev. Bras. Saúde Ocup.**, v. 72, n. 19, p. 7-11, 1991.

GARP. **Critérios mínimos para a condução de estudos de resíduos**: manual GARP. Rio de Janeiro: Associação Grupo de Analistas de Resíduos de Pesticidas, 2002. 117 p.

GERWICK, B. C.; MIRELES, L. C.; EILERS, R. J. Rapid diagnosis of ALS/AHAS inhibitor herbicide resistant weeds. **Weed Technology**, v. 7, p. 519-524, 1993.

GRESSEL, J. Molecular biochemistry of resistance that have evolved in the field. In: GRESSEL, J. (Ed.). **Molecular biology of weed control**. London: Taylor & Francis, 2000. p. 122–218.

GUY, R. H.; HADGRAFT, J.; MAIBACH, H. I. Transdermal absorption kinetics: a physico-chemical approach. In: HONEYCUTT, R. C.; ZWEIG, G.; RAGSDALE, N. N. (Eds.). **Dermal exposure related to pesticide use - discussion of risk assessment**. Washington, 1985. p. 19-31.

HALL, L. M.; STROME, K. M.; HORSMAN, G. P. Resistance to acetolactate synthase inhibitors and quinclorac in a biotype of false clover (*Gallium spurium*). **Weed Science**, v. 46, p. 390-396, 1998.

HAYES, W. J. Recognized and possible exposure to pesticide. In: _____ . (Ed.) **Toxicology of pesticides**. Baltimore, 1975. p. 265-310.

HEAP, I. **International survey of herbicide resistant weeds.** Disponível em: www.weedscience.org. Acesso em: 5 jun. 2015.

HELLING, C. S.; TURNER, B. C. Pesticide mobility: determination by soil thin layer chromatography. **Science**, v. 162, p. 562-63, 1968.

HRAC-BR (Associação Brasileira de Ação a Resistência de Plantas aos Herbicidas). Disponível em: www.hrac-br.com.br. Acesso em: 15 ago. 2003.

ICH (1995). Internacional Conference on Harmonization. Disponível em: http://www.ich.org/fileadmin/Public_web_Site_Web/ICH_Products/Guidelines/Quality/Q2_R1_Guideline.pdf. Acesso em: 17 jul. 2015.

ILSE – International Life Sciences Institute. **Avaliação de risco de agrotóxicos**. São Paulo: ILSE, 1999. 43 p.

INMETRO – INSTITUTO NACIONAL DE METROLOGIA, NORMALIZAÇÃO E QUALIDADE INDUSTRIAL. **Requisitos gerais para laboratórios segundo os Princípios das Boas Práticas de Laboratório (BPL).** Rio de Janeiro: Inmetro, 2011. 19 p. (NIT-DICLA-035 rev02).

INMETRO – INSTITUTO NACIONAL DE METROLOGIA, NORMALIZAÇÃO E QUALIDADE INDUSTRIAL. **Critérios para o credenciamento de laboratórios de ensaios segundo os Princípios das Boas Práticas de Laboratório (BPL).** Rio de Janeiro: Inmetro, 2003. 30 p. (NIT-DICLA-028 rev01).

INMETRO – INSTITUTO NACIONAL DE METROLOGIA, NORMALIZAÇÃO E

QUALIDADE INDUSTRIAL. **Orientação sobre validação de métodos analíticos.** Rio de Janeiro: Inmetro, 2011. 20 p. (DOQ-CGRE-008, 2011)

INTERNATIONAL ORGANIZATION OF STANDARDIZATION. **Statistics:** vocabulary and symbols. Part 1: General statistical terms and terms used in probability. Geneva, Switzerland, 2006.Disponível em: <http://www.iso.org> Acesso em: 25 maio 2015.

INTERNATIONAL UNION OF PURE AND APPLIED CHEMISTRY ORANGE BOOK. **Compendium of Analytical Nomenclature, 2002-2003.** 3. ed. Disponível em: http://old.iupac.org/publications/analytical_compendium. Acesso em: 17 jul. 2015.

ISO – International Organization for Standardization. **ISO 27065:2011 – Protective clothing – Performance requirements for protective clothing worn by operators applying pesticides.** Geneva, 2011. 23 p.

JENSEN, J. K. The assumptions used for exposure assessments. In: SIEWIERSKI, M. (Ed.). **Determination and assessment of pesticide exposure.** New York: Elsevier, 1984. p. 147-152.

KATAGI, T. Soil column leaching of pesticides. **Reviews of Environmental Contamination and Toxicology,** v. 221, p. 1-105, 2013.

KIM, D. S.; CASELEY, J. C.; BRAIN, P.; RICHES, C. R.; VALVERDE, B. E. Rapid detection of propanil and fenoxaprop resistance in *Echinochloa colona.* **Weed Science,** v. 48, p. 695-700, 2000.

KISSMANN, K. G. **Plantas infestantes e nocivas** – Tomo I: Plantas inferiores e monocotiledôneas. São Paulo: BASF S.A., 1997. 824 p.

KOSKINEN, W. C.; HARPER, S. S. Retention process: mechanisms. In: CHANG, H. H.; BAILEY, G. W.; GREEN, R. E.; SPENCER, W. F. (Eds.). **Pesticides in the soil environment:** processes, impacts, and modeling. Madison-WI, USA: Soil Science Society of America Book Series (number 2), 1990. p. 52-78.

LARINI, L. **Toxicologia dos praguicidas.** São Paulo: Manole, 1999. 230 p.

LEITE, R. L. S. **Roteiro simplificado para introdução de uma metodologia para determinação de resíduo de agrotóxico em alimentos.** 2008. Curso de Graduação (Química) – Instituto de Ciências Exatas, Universidade Federal Rural do Rio de Janeiro, Rio de Janeiro.

LÓPEZ-OVEJERO, R. F. **Resistência de populações da planta daninha *Digitaria ciliaris* aos herbicidas inibidores da ACCase.** 2006. 101p. Tese (Doutorado) – Escola Superior de Agricultura "Luiz de Queiroz", Universidade de São Paulo, Piracicaba.

LÓPEZ-OVEJERO, R. F.; CARVALHO, S. J. P.; NICOLAI, M.; ABREU, A. G.; GROMBONI-GUARATINI, M. T.; TOLEDO, R. E. B.; CHRISTOFFOLETI, P. J. Resistance and differential susceptibility of *Bidens pilosa* and *B. subalternans* biotypes to ALS-inhibiting herbicides. **Scientia Agricola,** v. 63, n. 2, p. 139-145, 2006.

LÓPEZ-OVEJERO, R. F.; CARVALHO, S. J. P.; NICOLAI, M.; PENCKOWSKI, L. H.; CHRISTOFFOLETI, P. J. Resistência de população de capim-colchão (*Digitaria ciliaris*) aos herbicidas inibidores da acetil Co-A carboxilase. **Planta Daninha,** v. 23, n. 3, p. 543-549, 2005.

LOVELL, S. T.; WAX, L. M.; SIMPSON, D. M.; McGLAMERY, M. Using the *in vivo* acetolactate synthase assay for identifying herbicide-resistant weeds. **Weed Technology**, v. 10, p. 936-942, 1996.

LUNDEHN, J. et al. **Uniform principles for safeguarding the health of applicators of plant protection products (Uniform principles for operator protection)**. Berlin: Kommissions-verlag Paul Parey, 1992. 90 p.

MACHADO NETO, J .G. **Estimativas do tempo de trabalho seguro e da necessidade de controle da exposição ocupacional dos aplicadores de agrotóxicos**. 1997. 83 p. Tese (Livre Docência em Agronomia) – Faculdade de Ciências Agrárias e Veterinárias, Universidades Estadual Paulista, Jaboticabal.

MACHADO NETO, J. G.; MATUO, T.; MATUO, Y. K. Semiquantitative evaluation of dermal exposure to granulated insecticides in coffee (*Coffea arabica* L.) crop and efficiency of individual protective equipment. **Bull. Environ. Contam. Toxicol.**, v. 57, p. 546-51, 1996.

MACHADO NETO, J. G; MATUO T. Avaliação de um amostrador para o estudo da exposição dérmica potencial de aplicadores de defensivos agrícolas. **Ciência Agronômica**, Jaboticabal, v. 4, n. 2. p. 21-22, 1985.

MACHADO-NETO, J. G.; BASSINI, A. J.; AGUIAR, L. C. Safety of working conditions of glyphosate applicators on Eucalyptus forests using knapsack and tractor powered sprayers. **Bull. Environ. Contam. Toxicol.**, v. 64, p. 309-15, 2000.

MANCUSO, M. A. C.; NEGRISOLI, E.; PERIM, L. Efeito residual de herbicidas no solo (*"Carryover"*). **Revista Brasileira de Herbicidas**, v. 10, p. 151-164, 2011.

MATHIAS, C. G. T.; HINZ, R. S.; GUY, R. H. MAIBACH, H. T. Percutaneous absorption: interpretation of in vitro data and risk assessment. In: HONEYCUTT, R. C.; ZWEIG, G.; RAGSDALE, N. N. (Eds.). **Dermal exposure related to pesticide use – discussion of risk assessment**. Washington, 1985. p. 13-17.

MCCULLAGH, P.; NELDER, P. A. **Generalized linear models**. 2. ed. London: Chapman & Hall, 1989. 532 p.

MEAD, R. **The design of experiments:** statistical principles for practical applications. Cambridge: Cambridge University Press, 1990. 636 p.

MINISTÉRIO DA AGRICULTURA PECUÁRIA E ABASTECIMENTO. **Manual de Procedimentos para Registro de Agrotóxicos**. Disponível em: < http:// www.agricultura.gov.br/ >. Acesso em: 25 mar. 2015.

__________. **Instrução Normativa nº 36, de 24 de novembro de 2009**. Disponível em: < http://www.agricultura.gov.br/ >. Acesso em: 25 mar. 2015.

__________. **Instrução Normativa SDA nº 42, de 5 de novembro de 2011**. Disponível em: < http://www.agricultura.gov.br/ >. Acesso em: 25 mar. 2015.

__________. **Instrução Normativa Conjunta nº 25, de 14 de setembro de 2005**. Disponível em: < http://www.agricultura.gov.br/ >. Acesso em: 25 mar. 2015.

MOMESSO, J. C.; MACHADO NETO, J. G. Efeitos do período e volume de aplicação na segurança dos tratoristas aplicando herbicidas na cultura de cana-de-açúcar (*Saccharum* spp.). **Planta Daninha,** Viçosa, v. 21, n. 3, p. 467-478, 2003.

MONQUEIRO, P. A.; CHRISTOFFOLETI, P. J. Bioensaio rápido de determinação da sensibilidade da acetolactato sintase (ALS) a herbicidas inibidores. **Scientia Agrícola**, v. 58, n. 1, p. 193-196, 2001.

MONQUEIRO, P. A.; CHRISTOFFOLETI, P. J.; CARRER, H. Biology, management and biochemical/genetic characterization of weed biotypes resistant to acetolactate synthase inhibitor herbicides. **Scientia Agricola**, v. 60, n. 3, p. 495-503, 2003.

MONTGOMERY, D. C. **Design and analysis of experiments**. 5. ed. Nova York: John Wiley and Sons, 2001. 684 p.

MOSS, S. **Detecting herbicide resistance**. 1999. 12 p. Disponível em: http://www. plantprotection. org/hrac/detecting.html. Acesso em: 03 out. 2006.

NELSON E. A.; PENNER, D. Leaching of isoxa fl utole and the herbicide safeners R-29148 and furilazole. **Weed Technology**, v. 21, p.106-109, 2007.

NIELSEN, O. K.; RITZ, C.; STREIBIG, J. C. Nonlinear mixed-model regression to analyze herbicide dose–response relationships. **Weed Technology**, v. 18, p. 30-37, 2004.

NORSWORHTY, J. K.; TALBERT, R. E.; HOAGLAND, R. E. Chlorophyll fluorescence for rapid detection of propanil-resistant barnyardgrass (*Echinochloa crus-galli*). **Weed Science**, v. 46, p. 163-169, 1998.

OLIVEIRA JR, R. S.; REGITANO, J. B. Dinâmica de pesticidas no solo. In: MELO, V. F.; ALLEONI, L. R. F. **Química e mineralogia do solo**. Parte II. Viçosa: Sociedade Brasileira de Ciência do Solo, 2009. 685 p.

OLIVEIRA, M. L. **Segurança no trabalho de aplicação de agrotóxicos com turboatomizador e pulverizador de pistolas em citros**. 2000. 99 f. Dissertação (Mestrado) – Faculdade de Ciências Agrárias e Veterinárias de Jaboticabal, Universidade Estadual Paulista, Jaboticabal.

ORGANIZAÇÃO PARA A COOPERAÇÃO E DESENVOLVIMENTO ECONÔMICO (OCDE). **Guidance document for the performance of out-door monolith lysimeter studies**. 22. 2000. 25 p.

ORGANIZAÇÃO PARA A COOPERAÇÃO E DESENVOLVIMENTO ECONÔMICO (OCDE). **Guideline for the testing of chemicals, adsorption – desorption using a batch equilibrium method**. 106. 2000. 45 p.

ORGANIZAÇÃO PARA A COOPERAÇÃO E DESENVOLVIMENTO ECONÔMICO (OCDE). **Guideline for the testing of chemicals, Leaching in soil columns**. 312. 2004. 15 p.

ORGANIZAÇÃO PARA A COOPERAÇÃO E DESENVOLVIMENTO ECONÔMICO (OCDE). **Guideline for the testing of chemicals, aerobic and anaerobic transformation in soil**. 307. 2002. 17 p.

ORGANIZAÇÃO PARA A COOPERAÇÃO E DESENVOLVIMENTO ECONÔMICO (OCDE). **Guideline for the testing of chemicals, terrestrial plant test**: seedling emergence and seedling growth test. 208. 2006. 21 p.

PIMENTEL-GOMES, F. **Curso de estatística experimental**. 14. ed. Piracicaba, SP: Nobel, 2000. 477 p.

PRICE, L. J.; MOSS, S. R.; COLE, D. J.; HARWOOD, J. L. Graminicide resistance in blackgrass (*Alopecurus myosuroides*) population correlates with insensitivity of acetyl-CoA carboxylase. **Plant, Cell and Environment,** v. 27, p. 15-26, 2003.

RIBEIRO, D. N. **Caracterização da resistência ao herbicida glyphosate em biótipos da planta daninha *Lolium multiflorum* (Lam.).** 2008. 102 f. Dissertação (Mestrado em Fitotecnia) – Escola Superior de Agricultura "Luiz de Queiroz", Universidade de São Paulo, Piracicaba.

RYAN, G. F. Resistance of commom groundsel to simazine and atrazine. **Weed Science,** v. 18, p. 614-620, 1970.

SALIBA, T. M. **Manual de higiene ocupacional e PPRA.** 4. ed. São Paulo: Editora LTr, 2013. 368 p.

SALIBA, T. M.; CORRÊA, M. A. C.; AMARAL, L. S. **Higiene do trabalho e programa de prevenção de riscos ambientais.** São Paulo: LTr, 2002. 262 p.

SANDÍN-ESPAÑA, P.; LOUREIRO, I.; ESCORIAL, C.; CHUECA, C.; SANTÍN-MONTANYÁ, I. The bioassay technique in the study of the herbicide effects, herbicides, theory and applications. In: LARRAMENDY, M. (Ed.). **InTech.** Available from: http://www.intechopen.com/books/herbicides-theory-and-applications/the-bioassay-technique-in-the-study-ofthe-herbicide-effects. 2011.

SATTERTHWAITE, F. E. An approximate distribution of estimates of variance components. **Biometrics Bulletin,** Washington, v. 2, n. 6, p. 110-114, Dec. 1946.

SCALDELAI, A. V.; OLIVEIRA, C. A. D.; MILANELI, E.; OLIVEIRA, J. B. C.; BOLOGNESI, P. R. **Manual prático de saúde e segurança do trabalho.** 2. ed. São Caetano do Sul: Yendis Editora Ltda, 2012. 433 p.

SEEFELDT, S. S.; JENSEN, J. E.; FUERST, E. P. Loglogistic analysis of herbicide dose-response relationships. **Weed Technology,** v. 9, n. 2, p. 218-227, 1995.

SEVERN, D. J. Use of exposure data for risk assessment. In: SIEWIERSKI, M. (Ed.) **Determination and assessment of pesticide exposure.** New York: Elsevier, 1984. p. 13-19. (Studies in Environment Science, 24).

SIEGEL, S. **Non-parametric statistics for the behavioral sciences.** 2. ed. Nova York: McGraw-Hill. 1988. 399 p.

SIMINSZKY, B.; COLEMAN, N. P.; NAVEED, M. Denaturing high-performance liquid chromatography efficiently detects mutations of the acetolactate synthase gene. **Weed Science,** v. 53, p. 146-152, 2005.

SIMPSON, D. M.; STOLLER, E. W.; WAX, L. M. An *in vivo* acetolactate synthase assay. **Weed Technology,** v. 9, p. 17-22, 1995.

STEEL, R. G. D.; TORRIE, T. H. **Principles and procedures of statistics.** Nova York: McGraw-Hill, 1980. 481 p.

STREIBIG, J. C. Herbicide bioassay. **Weed Research,** v. 28, n. 6, p. 479-484, 1988.

SUAREZ, F.; BACHMANN, J.; MUNOZ, J. F.; ORITZ, C., TYLER, S. W.; ALISTER, C.; KOGAN, M. Transport of simazine in unsaturated sandy soil and prediction of its leaching under hypothetical fi eld conditions. **J. Contaminant Hydrology,** v. 94, p. 166-177, 2007.

TGA - THERAPEUTIC GOODS ADMINISTRATION. **ADI List: accept daily intakes for agricultural and veterinary chemicals.** Australian Government, Department of Health and Ageing. Canberra, 2008. Disponível em: < http://www.ag.gov.au/cca >. Acesso em: 20 maio 2012.

TURNBULL, G. L.; SANDERSON, D. M.; CROME, S. J. Exposure to pesticide during application. In: TURNBULL, G. L. (Ed.). **Occupational hazards of pesticide use.** London: Taylor & Francis, 1985. p. 35-49.

UNITED STATE ENVIRONMENTAL PROTECTION AGENCY (USEPA). **Fate, transport and transformation test guidelines.** Soil thin layer chromatography. OPPTS 835. 121, 1998. p. 14.

UNITED STATE ENVIRONMENTAL PROTECTION AGENCY (USEPA). **Fate, transport and transformation test guidelines.** Leaching studies. OPPTS 835. 1240, 2008a. p. 14.

UNITED STATE ENVIRONMENTAL PROTECTION AGENCY (USEPA). **Fate, transport and transformation test guidelines.** Terrestrial field dissipation. OPPTS 835. 6100, 2008b. 50 p.

USEPA – United State Environmental Protection Agency. **Glossary of terms relates to health, exposure, and risk assessment.** Washington: EPA/450/3-88/016, 1989. 34 p.

VAN HEMMEN, J. J. Agricultural pesticide exposure data bases for risk assessment. **Bull. Environm. Contam. Toxicol.,** New York, v. 126, p. 1-85, 1992.

WAGNER, J.; HAAS, H. U.; HURLE, K. Identification of ALS inhibitor-resistant *Amaranthus* biotypes using polymerase chain reaction amplification of specific alleles. **Weed Research,** v. 42, p. 280-286, 2002.

WALSH, M. J.; DUANE, R. D.; POWLES, S. B. High frequency of chlorsulfuron-resistant wild radish (*Raphanus raphanistrum*) populations across the western Australian wheat belt. **Weed Technology,** v. 15, p. 199-203, 2001.

WHO – WORLD HEALTH ORGANIZATION. **Field surveys of exposure to pesticide standard protocol. Document VBC/82.1.** Geneva, 1982.

WIKIPÉDIA. **Máscara.** Disponível em: < https://pt.wikipedia.org/wiki/M%C3%A1scara >. Acesso em: 20 maio 2015.

WOLFE, H. R. et al. Exposure of spraymen to pesticide. **Arch Environ Hlth,** v. 25, p. 29-31, 1972.

WOLFE, H. R.; DURHAN, W. F.; DATCHELOR, G. S. Health hazards of some dinitro compounds. **Arch. Environ. Health,** 3, p. 468-75, 1961.

ZOCCHI, S. S. **Delineamentos D-ótimos: novas propostas para o aumento do número de pontos de suporte.** Piracicaba, 1998. 97 f. Tese (Doutorado em Agronomia) – Escola Superior de Agricultura "Luiz de Queiroz", Universidade de São Paulo, Piracicaba.